邓兮 编著

你的坚持
终将美好

国家一级出版社　中国纺织出版社　全国百佳图书出版单位

内 容 提 要

我们的一生，总会坚持一些东西，放下一些东西。如果你心想事成，不想留下遗憾，就要付诸行动，坚持你相信的事情。如果总是半途而废，那人生的美好就会与你错过。

本书是一本指导人们坚定信念、勇往直前的温情励志手册，它鼓励我们要有永不服输、坚持到底的精神，指引着我们在人生的道路上勇敢地越过种种磕磕碰碰，努力向着未来冲刺，它将伴你坚持，让你发现人生的美好！

图书在版编目（CIP）数据

你的坚持，终将美好 / 邓兮编著. —北京：中国纺织出版社，2019.3
ISBN 978-7-5180-5912-6

Ⅰ.①你… Ⅱ.①邓… Ⅲ.①人生哲学—通俗读物 Ⅳ.①B821-49

中国版本图书馆CIP数据核字（2019）第020784号

责任编辑：闫　星　　特约编辑：李　杨
责任校对：江思飞　　责任印制：储志伟

中国纺织出版社出版发行
地　址：北京市朝阳区百子湾东里A407号楼　邮政编码：100124
销售电话：010-67004422　传真：010-87155801
http://www.c-textilep.com
E-mail：faxing@c-textilep.com
中国纺织出版社天猫旗舰店
官方微博http://weibo.com/2119887771
三河市延风印装有限公司印刷　各地新华书店经销
2019年3月第1版第1次印刷
开本：880×1230　1/32　印张：6.5
字数：167千字　定价：39.80元

凡购本书，如有缺页、倒页、脱页，由本社图书营销中心调换

前 言

在我国，有这样一句家喻户晓的古语："有志者，事竟成，百二秦关终属楚；苦心人，天不负，三千越甲可吞吴。"这句话强调了坚持在做事中的重要性。莎士比亚也曾说过：千万人的失败，都失败在做事不彻底。诺贝尔奖获得者巴斯德曾豪迈地宣称："告诉你达到目标的奥秘吧，我唯一的力量就是我的坚持精神。"丘吉尔也说过这样一句话，"成功的秘诀就是：坚持、坚持、再坚持！"需要持之以恒的原因就在于，世上凡是有价值的事情通常都是有一定难度的，不可能一蹴而就，因此只有持之以恒才能完成。

世界上的事情就是这样，成功需要坚持。雄伟壮观的金字塔的建成是因为它凝结了无数人汗水的结晶；一个运动员要取得冠军，前提就是必须坚持到最后，冲刺到最后一瞬。如果有丝毫松懈，就会前功尽弃，因为裁判员并不会以运动员起跑时的速度来判定他的成绩和名次。

任何人、任何事情的成功，固然有很多因素，但最根本的还是在于坚持。不管遇到什么困难，只要风雨无阻并相信自己能成功，就一定能迎来曙光、迎来成功。

不过，坚持到底，没有纸面上书写的那么容易。现实中，我们发现不少人，尤其是浮躁的年轻人在做事之初都能保持旺盛的斗志，然而，随着遇到的挫折增多，他们变得懈怠，热情也退却了，最终放弃了希望，失去了应有的成功。

那些能走过坚持门槛的灵魂，才会看到幸福的道路。这种幸福并不一定会带来金钱、名誉和地位，但一定会让你感到人生充实而完满，会让你在垂暮之年依然心无遗憾。

当然，坚持太考验人的意志力。在这个过程中，你可能需要外界的鼓励、他人的支持等，这就是本书编写的目的。

本书是一本帮助你懂得坚持、学会坚持的心灵指导类书籍，更是让你付诸行动的精神振奋剂，它告诉每一位处于逆境中、认为难以坚持的人，只要满怀希望、坚毅向前，再坚持一秒，你就能看到曙光。我们相信，品读完本书的人们，不会再对明天有所迷茫，相信你的信心一定会坚定起来，你的梦想一定会扬帆起航、乘风破浪！

编著者

2018年6月

目 录

第1章 怀抱梦想：年轻因梦想而伟大 |001

为梦想努力，你的人生会实现别样精彩 |002

你的人生取决于你内心的愿望和渴望 |006

要有自信，然后全力以赴 |009

真正的梦想，值得我们用尽一生去坚持 |012

主宰人生，命运掌握在自己手中 |015

勤奋努力，一步一个脚印 |019

第2章 年轻总有些东西让你迷茫，关键是
保持自己的信念 |023

找到思路，就找到了人生的出路 |024

你可以不是会发光的金子，

　但你要成为一颗有价值的种子 |028

要把一次次的打击，当成人生必经的一种历程 |030

尘世浮华，要有一颗坚定的心 |032

既要接受帮助，也要努力创造自己的命运 |036

第3章　全力奔跑，你才能和生命中最美的机遇相逢 |039

痛苦与成长总是和谐共生 |040

能力不足，并不是我们放弃人生的理由 |043

有梦想的人，总是能熬过最难熬的时光 |046

凡事做到拼尽全力、不遗余力 |050

第4章　重新找寻你自己想要的人生，
　　　　别让青春留下遗憾 |055

认清你现在拥有什么 |056

遵循生命的规律，让我们的人生更充实 |058

任何成功，都不会从天而降 |061

坚信自己出类拔萃，一定能够获得成功 |065

"一夜成名"其实是不遗余力奋斗的成果 |068

第5章　你只需要下定一个决心，然后全力以赴 |071

只有坚持自我，才能活出自己的真实和精彩 |072

只要内心屹立不倒，人生就没有绝境 / 075

改变内心，尽快让人生脱胎换骨 / 078

人生真正的强者，就是要努力改变命运 / 081

第6章　机动灵活，关键时刻要从容不迫、淡然应对 / 085

年轻人做事要不慌不忙、按部就班 / 086

思路明确清晰，才会有好的出路 / 089

做足准备，不要指望"急中生智" / 092

处变不惊，使自己处于不败之地 / 095

第7章　目光长远，年轻人实力不佳时要沉住气 / 099

年轻人切忌目光短浅 / 100

忍一时风平浪静，在忍耐中等待机会 / 101

运筹于帷幄之中，决胜于千里之外 / 102

甘于忍耐，在忍耐中等待机遇 / 104

调整自我，适时后退一步 / 106

第8章 坚定自我，坚持真理，走自己的"小路" |109

彻底拔掉你心底平庸的劣根 |110

做自己想做的事，才会真的获得快乐 |113

坚持自我，坚守信念 |117

敢于质疑，不要盲目相信权威 |120

睁大你的双眼，开动你的脑筋 |123

年轻人行事要勇敢果断，才能把握时机 |126

第9章 抗击逆境力，青春就是为梦想勇敢追求的年纪 |131

过去不等于将来，但今天决定了明天 |132

谁的成功路，都不会一帆风顺 |134

成为一个积极进取的人，你就可以实现理想 |139

相信奇迹，奇迹就有可能发生 |142

失败的意义并不是对自己的否定，而是从中有所得 |145

第10章 稳扎稳打，脚踏实地地完成你宏伟的目标 |147

做好自己的事，才是为人之道、生存之道 |148

聪明的人，总是去做自己擅长的事情 |152

及时抓住瞬间机遇，实现人生的飞跃 | 155

能避免人生重大的失误，就是一种成功 | 158

第11章 善于忍耐、等待时机： 成功来自实力的不断积累 | 163

把握现在，不放松每件小事 | 164

任何时候，放弃什么都不能放弃希望 | 166

克服陋习，实现自律 | 168

退居幕后，积攒实力 | 170

第12章 磨砺心志：保持开朗的心境朝前看， 努力坚持，不懈怠 | 173

干一行爱一业，一辈子持之以恒 | 174

持续是一种力量，助你成就非凡 | 179

死心塌地地热爱，就会产生火热的激情 | 185

集中精力，持续专注于一个目标 | 190

冠军只属于冲刺到终点的人 | 193

参考文献 | 198

第1章
怀抱梦想：年轻因梦想而伟大

>>>>>>>>

生活中，人们常说，年轻就是资本，就是力量。的确，年轻就有着无穷无尽的精力为梦想拼搏，年轻因梦想而伟大。而未来社会，需要的正是目标高远、行胜于言的人才，因此，任何一个年轻人，无论是工作、学习还是生活，都应为自己树立一个明确的目标。只有这样，才能找到前进的方向，才能收获成功的果实！

为梦想努力，你的人生会实现别样精彩

年轻就是力量，任何一个年轻人，周身都散发着青春的气息，对于未来，他们都怀着无比的憧憬，并希望自己有所成就，只有以梦想为动力，才能点燃自己的激情，并正确认识的潜能，充分地发挥它，勇敢地激活它。你想要多聪明，就有多聪明；你想要多大能力，就有多大的能力。日本京都陶瓷株式会社社长稻盛和夫在经营京瓷公司的时候，也正是因为怀着"必将京瓷公司发展为世界第一大陶瓷的公司"这一梦想，并贯彻到员工中去，才逐步实现自己的愿望。对此，他曾经在书中写道："当然，当时既没有具体的战略，也没有确实的计划。那时，它只不过是一个空幻的梦想而已。但是，我在联欢会等各种场合上总是反复对职工说起这个梦想。通过这些，我的'愿望'也成为全体职工的'愿望'，并最终开花结果了。"

当然，稻盛和夫现在的成就已经远不止成功经营京都陶瓷公司了，他在52岁时还创办了第二电信（原名DDI，现名

KDDI，目前在日本为仅次于NTT的第二大通信公司），这两家公司又都在他的有生之年进入世界500强，两大事业皆以惊人的力道成长。

另外，面对已经申请破产的日本航天公司，2010年1月13日，稻盛和夫公开表态愿意重新出山，任日航CEO（首席执行官）。在稻盛和夫担任日航CEO的424天里，日航一年创造了日航历史上空前的1884亿日元的利润，是"全日空"利润的3倍，稻盛和夫之所以能让日航起死回生，可以说是激情与梦想的结果。

因此，年轻人，无论多么遥远的梦想，你都要强烈地告诉自己："我一定要实现梦想"，并为自己祈祷，将这种愿望渗透到意识中去，并不断地为自己的梦想努力，那么你就一定能够成功。

为自己编织一个伟大的梦想吧，也许你会说，现在每天的生活已经平淡无奇甚至被高强度的工作压得精疲力尽了，梦想早就已经化为云烟随风远去了。但请记住，能用自己的力量去创造美好人生的人，一定拥有超大的梦想和超过自身能力的愿望。稻盛和夫成为一个成功的企业家的原动力，也可以说是源自他年轻时拥有的强烈愿景和高远的目标。

可能有些年轻人认为，我不够聪明，我天生愚钝，等等，我怎么可能会成功？在这种心态下，他们甘愿庸庸碌碌，看不到自身潜能，也失去了学习的动力。实际上，人与人在智力上，并没有多大差异。

爱因斯坦是举世公认的20世纪的巨匠。他死后，科学界对他的大脑进行了一番研究。结果表明，他的大脑无论是体积、重量，还是构造或脑细胞，都与同龄的其他人一样，没有区别。因此，不要再认为自己天资愚钝而不可能成功了，你也是聪明的。因为我们绝大多数人在降临人世时，条件都是相同的，并无优劣之分，只是后来由于受到不同环境、不同人生经历的磨炼，给予大脑不同程度的刺激，才产生了人与人之间的差异。

每个人心中都会有一个属于自己的梦想，但紧张的工作、学习、生活，可能会让你搁浅心中的梦想。但你有没有发现，正是因为失去了梦想，你才会显得无力，没有热情。任何人的潜能只有具有一个伟大的动力，才会被最大限度地激发出来。因此，不要犹豫了，为理想奋斗吧，这样你的人生才会别样的精彩。

当然，梦想越大，离现实的距离就会越远，但是，尽管这样，我们也要不断强化梦想实现时的情景或追求梦想的过程，那么，在逐步看清实现的道路的同时，也能够不知不觉地从日常生活中得到启发，一步步接近成功。

其实，我们不难发现，那些成功者的梦想也源自生活，而那些平庸者就是缺乏对生活有敏锐的洞察力。即使这二者处于同样的环境中，前者也更能从中得到一些重要的暗示，受到一些启发，而后者则是稀里糊涂、得过且过地生活。

为什么会产生这样的差异呢？对于这个问题，稻盛和夫的解释是："那就是日常的'问题意识'，正如人们经常讲到的那样，有很多人看见苹果从树上掉下来，但从中发现万有引力定律的只有牛顿一人，那是因为牛顿在潜意识里渗透着强烈的问题意识。"

梦想是行动的原动力，没有梦想的人就不可能有创造性，无法获得成功，也不可能成长为有用的人。为什么呢？因为通过描绘梦想、锐意创新、不断努力，人格才能够得到不断的磨炼。为此，稻盛和夫说："梦想和愿望就是人生的跳板。"

那么，当你静下心来、自信品尝一杯咖啡的时候，当你与友人谈笑风生的时候，当你阅读他人成功宝典的时候……你有没有激发出自己内心关于梦想的灵感呢？

你的人生取决于你内心的愿望和渴望

我们都知道,喷泉的高度不会超过它的源头,一个人的成就不会超过他的信念。因此,如果我们想让行动领先一步,梦想就必须超前一些。伟大而卓越的人,之所以能够永无止境地创造和超越,就在于他们拒绝接受平庸,追求卓越,所以他们功成名就。正如稻盛和夫在《活法》一书中所言:"人生是思维所结的果实,这种想法已经构成许多成功哲学的支柱。根据我自身的人生经验,我也坚定一个信念,那就是'内心不渴望的东西,它不可能靠近自己'。亦即,你能够实现的,只能是你自己内心渴望的东西,如果内心没有渴望,即使能够实现的也实现不了。"的确,我们的人生是怎样的,就取决于内心的愿望和渴望。有梦想的人,可以化渺小为伟大,化平庸为神奇。

现代社会,如果想活出一个不平凡的人生,如果想成为一个成功的人,那么,从现在起,就为自己树立一个足以为之奋斗的理想吧。一个连想都不敢想的人又怎么会成功呢?

美国钢铁大王卡内基,少年时代从英格兰移民到美国,当时真是穷透了,正是"我一定要成为大富豪"这样的信念，使得他于19世纪末在钢铁行业大显身手，而后涉足铁路、石油，成为商界巨富。洛克菲勒、摩根也都是满怀欲望，并以欲望为原动力，成为资本主义初期美国经济的胜利者。

稻盛和夫曾经在《活法》一书中描写道："40多年前，我第一次有幸聆听了松下幸之助的演讲。当时松下先生并没有像后来那样被神化，我也不过是一个无名中小企业的经营者。"而后来，他却成为日本四大"经营之圣"（另三位分别是松下公司的创始人松下幸之助、索尼公司的创始人盛田昭夫、本田公司的创始人本田宗一郎）之一，而且他是年龄最小（也是目前唯一在世的）而被尊为"圣"的。

理想影响行动，行动影响结果，这是一连串的因果效应。想成功，自然也要有超前的理想和信念。而年轻就是力量，就是希望，这句话不假，那么，你还在担心什么呢？无论做什么，即使失败了，也还有机会重新开始。

推销大师吉拉德的成功，也是源于他相信自己能成功的信念。

小时候吉拉德的父亲总是给他灌输一种消极的思想——"你永远不会有出息，你只能是个失败者。"这些思想令他害怕。而吉拉德的母亲却相反，她给他灌输的是一种积极的思想——"对自己有信心,你绝对会成功的,只要你想成为什么,你就能做到"。从父母那里,吉拉德时时受到两种相反的力量,这两种力量一方面令他害怕,另一方面也让他产生信心。最终,母亲传输给他的这种思想胜利,这就是为什么他能实现自己的梦想。

的确,生活中,很多年轻人也充满理想,但把自己的理想和现实联系起来的时候,他们就退却了,就认为不可能,而这种"不可能",一旦驻扎在心头,就无时无刻不在侵蚀着他们的意志和理想,许多本来能被他们把握的机遇也便在这"不可能"中悄然逝去。其实,这些"不可能"大多是人们的一种想像,只要你能拿出勇气主动出击,那些"不可能"就会变成"可能"。试想一下,稻盛和夫先生在创业之初的重誓,当时仅有8人。而40多年后,稻盛和夫成为迄今为止世界上唯一一位一生缔造2个世界五百强企业的人。这不证明了"没有什么不可能"的道理吗?

年轻人,从现在起,你只需树立一个正确的理念,调动你所有的潜能并加以运用,努力提升自己的能力,这便能带你脱离平庸的人群,为未来步入精英的行列打好基础!

要有自信，然后全力以赴

人们常说，梦有多大，舞台就有多大。这就是信念的力量。任何梦想和信念，只有在屹立不倒的情况下，才会产生作用，才会指引我们走向胜利，这就是必胜的信念。现代社会，很多年轻人，没有经历过社会的洗礼和锤炼，无忧无虑，对于失败和成功并没有多少概念。但从现在起，你必须认识到信念的力量，那么，在未来的生活、工作中，即使你遇到挫折，你也将懂得在陷入困境时，与其苦苦等待，不如点燃自己手中仅有的信念的"火种"，去战胜黑暗，摆脱困境，给自己带来光明。巴甫洛夫曾宣称："如果我坚持什么，就是用炮也不能打倒我！"

稻盛和夫说："成功的基础是强烈的愿望。也许有人认为这种说法不科学，是单纯的精神论。但是，不断地想，不断地去思考，我们就将在头脑中'看得见'即将实现的现实。"威尔逊也有句名言："要有自信，然后全力以赴！假如具有这种观念，任何事情十之八九都能成功。"

对此，稻盛和夫在《活法》一书中说道："不仅仅是一而再、再而三地产生某种强烈愿望，希望这样或是希望那样,而是在大脑中反复进行模拟实验,在心中推演种种迈向成功的过程。这就像象棋手,每走一步都要慎重推敲,思考上万种棋步,一次又一次地在大脑中模拟演习达到目的的过程,不达目的的棋步就从棋谱里消去。如此锲而不舍,反复思考,成功的道路就好像曾经走过似的'逐步清晰'了。那些只出现在梦想里的东西逐步接近现实,不久梦境与现实的界限消失,似乎已成现实。实现的形态、完成的形态都能在头脑中或在眼前清晰地显现。"

当然,任何信念,如果单纯停留在不鲜明的想象上,是没有任何意义的,而应该把这种抽象的意向浓缩为现实的行动,如若不进行深思、不认真开展活动,那么对创造性的工作及其成功的人生也是没有把握的。

初入社会的年轻人,有时候也是软弱的,可能一件事情还没做,便去考虑失败后的结果,这样,必然会导致内在潜能得不到充分的调动与发挥。要避免与摆脱这种心理上的失衡,就必须时时表现出一种强者的风范,敢于面对困难与挫折,并始终怀着必胜的信念去克服、战胜困难,坚定不移地朝着成功的目标迈进。因而要有意识地培养自己的"强者"意识,可以说,这是度过心理危机的良方。

可能也有一些年轻人，一直以来，都是在父母的呵护甚至是溺爱下长大的，对失败和挫折的承受力有限。有时候，一次生活上的挫折或事业上的失利，就使得他们一蹶不振甚至放弃信念和理想，他们看到的是最终失败的结局而不是成功，在这种错误观念的支配下，又怎么能过五关斩六将，最终赢得成功呢？

信念是一种无坚不催的力量，当你坚信自己能成功时，你必能成功。许多人一事无成，就是因为他们低估了自己的能力，妄自菲薄，以至于限制了自己的成就。信念能使人产生勇气。成功的契机，是建立自己的信心和勇气。

每个年轻人，都应该从巴甫洛夫和稻盛和夫的成功中感受到信念的力量，那么，从现在起，开始为你的信念奋斗吧。首先，假想你现阶段的目标已经实现，以此获取良好的心理状态。这样，反过来，在追逐目标的过程中，即使你遇到了各种困难，也会因为自我造就的心理成就感而朝着成功的目标迈进。其次，要给自己打气，确信自己的信念。任何时候，都要自己给自己打气，确信自己的看法。心中默念：我想可以，我可以做好。那么，你就能一直以良好的状态到达目标。这个过程，一直需要有必胜的信念在引领着你前进。

真正的梦想，值得我们用尽一生去坚持

每个人都有自己的梦想，或者说哪怕是原本没有梦想的人，只要想为自己设立梦想，那么很容易就能拥有梦想。和拥有梦想的过程相比，实现梦想的过程显得无比艰难。不管我们的梦想是什么，只要它高于我们的人生，我们就必须竭尽全力、不遗余力，才能最大限度接近它。当然，实现梦想并非只靠顽强的毅力和坚韧不拔就能做到，我们还需要天时、地利、人和等诸多有利因素的配合，才有可能做到。由此可见，拥有梦想是远远不够的，我们还必须用尽一生去坚持梦想，才能真正实现梦想。

遗憾的是，现实生活中，很多人分不清楚梦想和爱好之间的关系。很多人误以为自己是有梦想的，在追逐梦想的过程中，他们遇到困难就轻易放弃，从而改变自己的梦想，让自己的人生如同浮萍一样随波逐流。真正的梦想，值得我们用尽一生去坚持，它就像是我们人生的引航灯，始终指引着我们人生的方向，让我们绝不轻易放弃。爱好则不同，生活中不乏人因为一时冲动产生了爱好，后来又因为畏惧艰难选择了放弃。由此可见，爱好是可以随时改变的，它无法指引我们的人生。

作为一位盲人,小林的人生是很坎坷和艰难的。他的爸爸是聋哑人,他的奶奶有慢性病,在生下小林并且发现小林目不能视之后,他的妈妈因为承受不起命运这样残酷的捉弄,最终选择离开家,远走他乡,再也没有回来过。所以,小林从小就没有妈妈,是奶奶和聋哑的爸爸抚养他长大。

到了18岁,小林已经成为一个大小伙子了,他很清楚自己不能继续留在家里和爸爸、奶奶一起干农活,而要勇敢地挑起家庭的重担,去外面打工挣钱,改变家里贫困的面貌。为此,他带上奶奶四处借来的盘缠,离开家,开始打拼人生。然而,大城市的生存原本就很艰难,更何况是对于小林这样的盲人呢!小林做过很多工作,吃了很多苦,最终知道盲人按摩在大城市很受欢迎,因此他决定也去学习按摩。他不想成为一个半路出家的按摩师,他把自己的梦想设定为成为正宗的盲人按摩师。为此,他用打工几年辛苦挣到的钱给自己付了学费,从此进入盲人按摩学校学习。这一学,就是3年。虽然他可以只学习几个月就成为盲人按摩保健师,但是他始终坚持梦想,想要成为一名真正的按摩师。3年之后,他对人体的筋络都很熟悉,按摩的手法也日渐成熟。最终,他去到一家按摩店成为按摩师,这一干又是五六年。后来，因为他技法娴熟，力道恰到好处，有很多顾客都专门点名让他按摩，还有些顾客会额外给他一些小费呢！

此时，小林不再满足于给他人打工，而是想要成立属于自己的按摩店。为此，他拿出所有积蓄，租下小小的门店，从几张按摩床开始做起，最终拥有了十几家属于自己的连锁按摩店。不得不说，小林正是在梦想的指引下才获得成功，而他的成功与他坚持梦想也是密不可分的。

真正的梦想，需要我们用尽一生去坚持。小林如果不是坚持要成为真正的按摩师，而是只想着对人生糊弄了事，那么也许他现在还只是一个不入流的按摩师呢！幸好，小林非常坚强，也很有毅力，所以他才能够在实现梦想的道路上从未放弃，最终让自己的人生获得真正的成功。

你们有梦想吗？你们可曾像小林一样，为了梦想坚持不懈呢？现实生活中，我们总是羡慕成功者的光鲜亮丽，却不知道成功者之所以成功，是因为他们在坚持梦想的道路上从未动摇，更未放弃过。假如你们曾经背弃过梦想，也遭遇了失败的折磨，那么从现在开始就要努力坚持梦想，绝不放弃梦想。唯有用一生去坚守梦想，我们的人生才能越来越接近成功，我们的未来也才会辉煌灿烂。

主宰人生，命运掌握在自己手中

人生在世，每个人都要付出努力，掌握自己的命运。否则，我们的人生就会如同无根的浮萍，四处飘摇，就会波折多变，我们也会错失很多千载难逢的好机会。毋庸置疑，人在一生之中总会遇到很多困难与挫折，还会遭遇很多意外的变故。人生的无常固然可怕，但是如果失去对命运的把握，就会变得更加可怕。每个人要想主宰人生，就必须把命运掌握在我们自己手中，这样我们才能成为命运的主人，才能让我们的人生更充实，更有意义。

在漫长而又短暂的人生中，每个人都想要收获成功，取得成就。对于皆大欢喜的结局，每个人都非常向往，但是偏偏现实是残酷的，一个人要想获得成功，必须付出坚持不懈的努力，而且还要经历重重磨难，遭遇坎坷挫折。唯有面对人生挫折决不放弃的人，才能最终抓住人生的机遇，取得成就，收获成功。我们必须记住，在任何时候，如果不去尝试，我们不但远离了失败，也会与成功彻底绝缘。因此，要想把握命运，我们就必须非常努力，哪怕有一丝一毫的机会，也要与人生死磕到底，决不放弃。

也许有些朋友会说，坚持实在太难。其实，坚持并不难，重要的是我们要端正心态，坚信滴水穿石。假如我们能够每天多付出一点点，那么假以时日，我们的点滴付出最终将会积累起来，从而成就我们的人生。正如人们常说的"一万小时定律"，所谓"一万小时"，并非要求我们坚持付出1万个小时，而是说我们每天付出3个小时，那么只要坚持10年，即便是对于自己不喜欢的事情，我们也能够做出伟大的成就。试想，柔软的绳子不停地锯木头，都能把木头锯断，更何况我们坚韧不拔的毅力和韧性呢！人生的道路永无止境，人生的未来也无法预测。任何时候，我们都要最大限度发挥自身的主观能动性，积极改变生活、创造生活，我们的人生才能更加坦然从容，我们的一切行动也才能卓有成效。

大学期间，马尼的学习成绩很差，尤其是哲学课，他听着哲学老师讲课，简直觉得如同坠入云雾中，一头雾水。此外，他的其他科目学习成绩也不是很好，为此，教授决定好好地给马尼上一课，让他振作起来，好好学习。

一天上课，教授特意点名让马尼回答问题。马尼之前昏昏欲睡，根本不知道教授的问题是什么。为此，教授拿起一张白纸，将其扔到地上，问马尼："你觉得，这张纸的命运将会如何？"马尼有些茫然，不知道教授的葫芦里卖的是什么药，他原本以为教授会狠狠地批评他一顿呢！思考片刻，他才嗫嚅着说："既然被扔到地上，它会成为废纸。"显而易见，教授对马尼的回答并不满意，而是当着大家的面狠狠地在纸上踩了几脚，这样一来，教授的大脚印就印在纸上了，原本雪白的纸变得脏兮兮的。随后，教授又问马尼这张纸的命运将会如何，马尼沮丧地说："原本也许还能捡起来用一用，但是现在它已经脏了，只能是一张废纸。"

教授一声不吭，捡起地上的纸，将其撕成两片，然后又和颜悦色地问马尼："现在呢，这张纸的命运如何？"班级里的其他同学也莫名其妙地看着教授，不知道教授用意何在。马尼羞愧得满脸通红，说："废纸，真正的废纸。"这时，只见教授一言不发地从地上把纸捡起来，然后在上面画了一匹腾空奔腾的骏马。而且，教授用心巧妙，马蹄下就是他刚刚踩上去的脚印，此时正成为骏马奔腾的原野。这匹骏马四蹄生风，栩栩如生，看起来使人热血沸腾。此时，教授又问马尼："这张纸现在的命运如何？"马尼回答："原本是一张废纸，现在却因为您笔下的骏马，变成了一幅生动的画作。"教授点点头，突然拿出打火机，点燃这张纸。转眼之间，这张纸变成了灰烬。这时，教授才语重心长地对全班同学说："大家刚才目睹了这张纸的人生。的确，最初这也只是一张不起眼的纸，因为落到地上后来又被踩踏和撕碎，所以成了真正的废纸。但是，我几笔下去，它马上变得栩栩如生，因为我在它上面画了一匹四蹄生风的骏马。接下来，正当你们意识到它的命运转折时，因为火，它又变成灰烬。显而易见，我们的人生也是如此。我们唯有以积极的心态面对人生，赋矛人生充实的意义，我们的人生才会有所成就。反之，假如我们总是随意践踏自己的人生，那么归根结底，我们的人生会变得毫无意义，而且没有任何成就。那么，同学们，你们想要拥有怎样的人生呢？无论你们最终的人生选择是什么，我都希望你们记住，你们今日的任何表现，都会影响你们未来的命运，使你们的人生变得截然不同。"

哪怕只是一张纸，也会因为我们对待它的不同态度，变得截然不同。它可以是一张废纸，或者是被撕碎变成废纸片，也可以变成纸飞机在天上飞来飞去，还会因为艺术大师的妙手变成美丽高雅的画作。总而言之，我们赋予它什么意义，它就会拥有什么意义。我们的人生又何尝不是如此呢？我们面对人生的态度，也会决定我们人生的状态和过程。我们的命运不会是一帆风顺的。我们必须攥紧拳头，把命运紧紧握在自己手中，这样我们才能最大限度发挥自己的主观能动性，不遗余力地改变命运、创造人生。

唯有把命运掌握在自己手中，我们才能经营好属于自己的人生，也才能让自己的人生变得更加充实精彩、灿烂辉煌。

勤奋努力，一步一个脚印

我们都知道，人的潜能是无限的，它是人的能力中未被开发的部分，它犹如一座待开发的金矿，蕴藏无穷，价值无比。一个人最大的成功，就是他的潜能得到最大程度的发挥。无论你的理想多么崇高，要实现你的理想就必须勤奋努力，朝着目标一步一步地迈进。

然而，现今社会，好高骛远、不脚踏实地是很多年轻人的通病，他们是思想上的巨人，行动上的矮子，信誓旦旦决定做一件事，到实施的时候，却做不到一步一个脚印、每天朝目标迈一步，经常三分钟热度，做不到持之以恒。要知道，任何事情的成功都不是一蹴而就的，需要我们一点一滴的付出。小事成就大事，在每件小事上认真的人，做大事一定成绩卓越。可以说，稻盛和夫的成功，来自他早年的愿望，更是坚持与努力的结果。

刚开始，京瓷公司规模很小，不满百人，并且，这家公司当初还是一家乡村工厂，但那个时候，稻盛和夫就和员工一起立下了"要将这家公司发展为世界一流的公司"的宏伟志愿。"尽管它还是一个遥远的梦想，但我内心有个强烈的愿望，就是渴望实现梦想并证明给大家看。"稻盛和夫在自己的书籍《活法》中写道。

不难发现，那时候的稻盛和夫的眼界是高的，在接下来的很多年内，他不仅坚持自己的梦想，更是把自己的梦想融入到了实际行动中。他和他的员工一样，在现实中的每一天，都在竭尽全力、踏实重复着简单的工作。为了继续昨日的工作，他们不得不挥洒汗水，一毫米、一厘米地前进，把横在眼前的问题一个个解决掉，时间就这样在看似微不足道的重复工作中度过了。

可能很多年轻人会问："每天重复同样的工作，哪年哪月能成为世界一流公司呢？"的确，在创业的过程中，稻盛和夫屡受打击，经历过失败，但他认为，人生只能是"每一天"的积累与"现在"的连续。

"此刻的这一秒钟聚集成一天,这一天聚集成一周、一个月、一年,等发觉时,已经站在了先前看上去高不可攀的山顶上。这就是我们人生的状态。"

年轻人也应该谨记稻盛和夫的这句话,这种追求成功的、不懈努力的人生态度。没有小,就没有大;没有低级,就没有高级。每天那些点滴的小事中都蕴含着丰富的机遇,伟大的成就都来自每天的积累,无数的细节就能改变生活。

即使你的目标是短视与功利的,但是,如果不过完今天一天的话,那么明日就不会来访。到达心中向往的地点,没有任何捷径。"千里之行,始于足下。"无论多么伟大的梦想都是靠一步一步、一天一天积累,最终才能实现的。

有人问洛克菲勒:"成功的秘诀是什么?"他说:"重视每一件小事。我是从一滴焊接剂做起的,对我来说,点滴就是大海。"年轻人也应记住洛克菲勒成功的秘诀,从现在起,对生活和学习上的每一件小事,都要持认真的态度。

事实上,有很多和稻盛和夫与洛克菲勒一样成功的人,他们白手起家,创下了自己的辉煌。的确,很多看似卑微的工作却正是最伟大的事业,卖拉链的、做纽扣的也能跻身世界500强。假如没有充足的创业资金,可以从那些别人看不起的行业做起,同样有机会跨入世界500强之列。

世界上许多伟大的事业都是由点点滴滴的细节小事积累而成的。在细节上能够表现好的人,他在成功之路上一定会少许多漏洞。相反,如果一个人不能关注细节问题,往往会因小失大,自毁前程。完美的细节代表着永不懈怠的处世风格,也是一个人追求成功的资本。

年轻人,你是不是希望能有一个成功的机会?你是不是认为自己有粗心大意的毛病?那么,从现在起,对生活、学习上的任何一件事,你不妨都予以关注,关注其细节是否完善,从细节入手,你会发现,你也可以变得卓越!

稻盛和夫总结道:"所以,不要把今天不当一回事,如果认真、充实地度过今天,明天就会自然而然地呈现在眼前了。如果认真地度过明日,那么就可以看见一周。如果认真地度过一周那么就可以看见一个月……即使不考虑以后的事而全力以赴过好现在每一瞬间,先前还未能看见的未来之像就自然而然地可以看见了。"

现阶段,你要做的就是勤奋努力,一步一个脚印,充实自己的内在。

第 2 章
年轻总有些东西让你迷茫,关键是保持自己的信念

>>>>>>>>>

每个年轻人对未来,大概都有自己的构想,都希望自己能够出人头地,成为社会上的有用之人。但面对未来,大部分年轻人十分迷茫,甚至面对生活,失去应对挑战的信心和能力。实际上,无论你希望自己将来成为什么样的人,你都要相信自己一定能做到。自信的人到哪里都光彩夺目,为此,你要告诉自己:我是最棒的!拥有这样的信念,无论何时,你都能有优秀的表现,都能挖掘出你意识不到的潜力。试想,一个人对自己的未来都没有强烈的信心,又怎么能征服别人呢?

找到思路，就找到了人生的出路

人们都说苦难使人早熟，而现在30岁之前的年轻人大都是90后，90后是从小在蜜罐里长大的。一个总是在幸福呵护中长大的年轻人，往往容易迷茫、缺乏方向感，不懂得怎样实现自己的价值。这是一个集体迷茫的时代，一方面是个人的原因，一方面也有社会的因素。社会正处在一个转型期，各种价值观念发生着碰撞，就连四五十岁的中年人都有一种迷茫感，更何况是30岁之前的年轻人呢？

不过迷茫、找不到出路并不可怕，只要你有着自己的信念，有着明确的思路，就迟早会找到自己人生的出路。可以说，现在的年轻人是比较清醒的，对自己的前途也有着自己的期待和规划。尽管这种规划还处在相当模糊的阶段，但想一想以前未受教育的年轻人，他们二十几岁的时候普遍是懵懵懂懂地过日子，谁懂得去规划一个未来呢？相对而言，现在的年轻人大概是处在刚刚醒来地的阶段吧。

有人说现在的年轻人是"失梦的一代"，失去梦想，满眼现实。有梦想是好事，但重视现实又有什么不对呢？为自己的将来规划一个可期的、现实的、明确的目标，难道不重要吗？为自己的将来寻找一条出路，不是每个人必须有的意识吗？现在开始，年轻人就可以思考自己将怎样成功，这并不可耻，只有个人有明确的思路，个人才能成功，集体才能壮大、才有将来。

30岁之前，你一定要弄清楚自己可以做什么，很多年轻人之所以一事无成，是因为他们有太多的选择，有太多的目标，太贪心，反而一无所成。想做什么是一回事，能做什么是另一回事。一个人能做的事情，能获得成功的领域，其实是非常有限的。看看你的父母是做什么的，看看你受过的教育是哪方面的，看看你的兴趣、你的天赋在哪，看看你的机缘在哪里，这一切就是你可能做的事情，可能的出路。

比尔·盖茨从小时候开始就对电脑软件感兴趣，他大学就读于哈佛大学的计算机专业，最终他的出路就在计算机领域；毛泽东的父母都是农民，但他遇到了陈独秀，所以走上了革命的道路；李嘉诚从成年开始就处在受雇和雇用别人的环境中，所以他成为了一个商人；杨振宁的父亲就是科学家，另外很多学者、科学家的长辈就是知识分子，从小耳濡目染，自然就选择了知识领域。

你在一个怎样的家庭中成长？你最熟悉哪个领域？你在学校受到了怎样的专业教育？你的天赋在哪里？你工作后遇到了哪些贵人？从这些因素中就能够找到你最终的出路，找到你最适合在哪个领域工作。只有幼稚的人才会整天说"给我一个杠杆，我可以撬动地球"，成熟的人懂得用最短的时间弄清楚自己可以做哪些事，最擅长做哪些事，然后从这方面寻找契机，进行努力。

找到了自己适合哪条路，就在这条路上走下去，在不同的行业、完全不交叉的职业中转来转去、跳来跳去，是对人生最大的浪费。在你选定的领域中坚持下去，你最终就能走到事业的顶点。

现在就想一想：你事业的顶点在哪里？你可能达到吗？对于你来说事业顶点的高度让人满意吗？如果答案是否定的，你可能还需要对自己的职业再考量，或者寻找比较熟悉的交叉领域开展新事业。

阿西莫夫是一位科普作家，也是一位自然科学家。他的成功就得益于对自己的再认识，想清楚了自己可能达到的最高点。一天上午，当他坐在打字机前打字的时候，突然意识到：" 我不能成为一流的科学家，却能够成为一流的科普作家。" 于是，他几乎把全部精力都放在了科普创作上，终于成为当代最著名的科普作家。海岩曾经是个警察，也是个商人，然而令他出名的却是他社会实践的结晶——他的文学作品。为自己的职业想一个可能的拓展前景，会对你的人生有更大的帮助。

一个人，只有对自己的人生有明确的规划，才能够成就更大的事业。那些今天想这样做，明天想那样做的人，他们的思想都是非常幼稚和混乱的。清楚自己可以做什么，清楚自己人生可以达到的高度，才是一个人成熟的表现。如果鲁迅没有写文章，我们就少了一位伟大的文学家；如果达尔文没有进入生物界，进化论就要晚上几百年；如果爱因斯坦致力于做一个小职员，世界物理就要落后几百年。

清晰的人生思路，比现实的出路还要重要，清楚自己能够做什么、正在做什么、将要怎样实现人生价值，一个人才能变得更加成熟。

你可以不是会发光的金子,但你要成为一颗有价值的种子

年轻人总喜欢说"是金子在哪里都会发光",可是也要承认,大多数的年轻人都不是自以为是的"金子",金子生来就具有某种天赋,它难以切割,数量稀少,所以成为价值的代替品。大多数的年轻人并不是生下来就具有某种天赋,不过大多数人通过自己的勤奋,可以发挥出最大的能量。这点倒像一些种子,只要有合适的土壤,它们就能够生根发芽,成长为有价值的东西。

一个人如果总抱着"是金子在哪里都会发光"的心态,就难免会骄傲自大,不屑于那些平凡的工作,抱怨没有伯乐来赏识自己这匹"千里马",觉得自己怀才不遇、有志难申,渐渐地就会变得消沉。这时候就算你真的是一块金子,也会蒙尘,不被人发现和重视了。现在一部分年轻人心高气傲,总有一种优越感,而且越是学历高、学习成绩好的年轻人往往越是骄傲。

就业就像把一盘原本下到输赢已定的棋局一把搅散,重新开局,这个时候,决定胜负的并不是你原来取得的成绩,而是你以后需要做的努力。

你的家庭的社会地位、你的原本成绩可能在就业的路上起到一定的作用，但它们的作用都是有限的，人生最终如何还是取决于你自己的努力。把自己当成一块等待发现的金子，等于把自己的命运交到了别人的手里，把自己的前途寄托于一双能够发现你的眼睛，抱着这样的心态，你觉得前途可靠吗？

年轻人应当安下心来，把自己当成一粒未发芽的种子，无论是饱满还是干瘪，只要有适合自己的土壤就能够长得枝繁叶茂。著名的杂交水稻之父袁隆平有一句名言："人就像一粒种子，健康的种子，身体、精神、情感都要健康。我愿做一粒健康的种子！"金子有再多的光芒，价值终究有限，而健康的种子则代表了无限发展的可能。这个世界上不可能到处是金子，然而每个人都能通过自身的努力当好一颗能够生根发芽、能够为这个世界增添价值的种子。

你或许不是一个天才，可是只要足够用心，你会发现自己的潜力是无限的。

种子心态比金子更重要。通用汽车公司的一位人力资源负责人曾经这样说："我们在分析应征者能不能适合某项工作时，经常要关注他对目前工作的态度。如果他认为自己的工作很重要，对工作很认真负责，就会给我们留下很深的印象。即使他对目前的工作不满意也没有关系。为什么呢？因为如果他认为目前的工作很重要，那他对下一份工作也会抱着认真负责的态度。我们发现，一个人的工作态度跟他的工作效率有很密切的关系。"

如果一个年轻人，对环境薪金不满意的工作，都十分的责任，丝毫不会马虎，那么对于各方面都满意的工作，他就会更加用心。这就是种子心态，"无论环境好不好，土壤是否适宜，我都要发芽，都要更茁壮地成长，这就是我的价值所在"。如果年轻人都抱着这种态度做事的话，很快就能被生命中的伯乐所发现，实现他们的价值。

要把一次次的打击，当成人生必经的一种历程

挫折对于每个年轻人来说，都是人生必经的，在30岁以前经历挫折，未必是坏事。人们常常说"小孩子要摔一百个跤才能长大"，我们不妨把平日里自己遭到的打击，当成人生必经的一种历程吧。遭一次挫折，就吸取一次经验，挫折受够了，成功也就到来了。

能够为自己加油喝彩，无论是取得成就还是遭受挫折都会自我鼓励和自我安慰的人，是最乐观的人，这样的人能够最快地从逆境中爬起来，最快地吸收经验，最快地成长。成熟的人知道自己必须爬起来，擦干眼泪，才能够更快地成长。

跌倒之后哭泣并不能改变什么，但能够宣泄自己的不良情绪，学会宣泄也是一种成熟。如果对于你来说，立刻站起来真的是强人所难，那么就哭一哭吧。每个人的人生都有低谷，遭到打击任何人都不可能高兴，我们可以按以下步骤调节情绪，走出失败的打击。

第一，把自己的情绪宣泄出去，无论是伤心、愤怒、失望还是消沉，把这些讲给你最亲近的人听；或者是找个隐秘的地方大哭一场。只有懂得合理发泄的人才不会真正受伤，懂得发泄是一种自我保护。玻璃为什么容易碎？因为它总是自己承受力量。皮球为什么总是那么坚韧？因为它会把受到的力传给地面。

第二，当你觉得宣泄完了不良情绪，心中空空的时候，不妨冷静下来，思考一下自己到底犯了什么样的致命错误。人不会无缘无故受挫，只有你违背了规律的时候，无论是自然规律还是社会规律，你才会受挫，遭受打击。总结经验对你来说是必需的，因为只有从打击中获得经验，你才能够不断进步，你才有能力迎接更大的挑战,才会在以后的工作中少遭遇挫折。

第三,为自己加油鼓劲,一个人跌倒后能不能站起来,取决于他自己的愿望。所以,无论有多少人鼓励你,你都必须首先从内心深处鼓励自己,给自己加油打气,这样才可能振作起来。阳光乐观的心态对于每一个年轻人都至关重要,把挫折当成一种必不可少的人生经历,才能够真正成熟起来。

无论遭受多少打击,一个人都必须再站起来才能实现自己的价值,不同的是有的人站起来了,却因为害怕再次遭受打击而止步不前了。而有的人,虽然同样害怕痛苦,害怕打击,但是他们能够自我激励,他们相信自己是绝对不会被打倒、被打败、被打碎的。就算跌倒了,他们也会站起来继续前进,最终走向卓越。

尘世浮华,要有一颗坚定的心

尘世繁华,年轻人生活在这个繁华的尘世当中,难免会被一些俗事杂念影响了自己的思想和观念,难免会感到迷茫。现在这个时代,是一个各种价值观念充斥耳边的时代、各种思想并存的时代。面对这一切,我们极容易动摇自己从小树立起来的价值观,极容易感到茫然无措,这一切并不是年轻惹的祸,也不是年龄可以解决的问题,一个人是否清醒取决于他的信念和意志,取决于他是否有主见。面对这个浮华的尘世,有自己的主见,不人云亦云,不盲目攀比,才能够更成熟,更容易成功。

很多年轻人往往被短期的利益蒙蔽了视线,做出一些错误的、对我们的人生有伤害和损失的判断来。只有坚定的信念才能让年轻人避免短期利益的诱惑,从而看得更远、更清晰。这个世界上总有这样那样的诱惑,而又总有各种荒谬的、不堪一击的理由来支撑着那些丑陋的诱惑,使它外表上变得无懈可击。事实上,难道我们真不知道它是错误的吗?难道我们不知道它会造成严重的后果吗?可是我们更相信侥幸。

人们可能对某些行动并不认可,可是那些狂轰乱炸的理论如"金钱至上论""只要你成功了,谁管你的钱是怎么来的"等让人们觉得可以侥幸。面对让人眼花缭乱的各种诱惑,这一代的年轻人内心非常矛盾。

年轻人往往比较自信:我有学问、有学历、有能力,为什么要做那些无聊的事,而不凭着真本事闯一番自己的事业？同时年轻人也有自己疑惑，为什么别人年纪轻轻就自己创业，而我却要忍受上司的脾气、别人的嘲笑？为什么他可以拥有那么好的职位，我却得在这个破公司窝着？为什么别人可以买房买车银行贷款，我却必须忍受处处受限的生活？为什么别人不过每天盯盯盘，就可以潇洒度假，我却要拼死拼活地做工？为什么别人凭着一副谄媚的小人嘴脸就可以升职，我却要受这种窝囊气？

人和人是不一样的，你在羡慕别人的同时，别人也在羡慕你。你只了解自己受的那些气，只觉得自己委屈，却没尝过别人担惊受怕，或者背后挨骂的滋味。每个人都有两面，有的人表面看起来风光无限，可是背后也许正在流泪；有的人表面看上去含辛茹苦，却乐在其中。如果你只看到事物表面的东西，就对那些繁华的表面动心了，就羡慕嫉妒了，那你遭到的痛苦就会非常大。

不要迷失自己，不管你对这个世界有多么的不确定，至少有一件事是确定的，你付出多少就会收获多少。只要你做的事是人们所承认的，对于人们有正面的价值，你就会受到人们的尊重，只要你持之以恒，最终就能收获成功。不管社会上信奉怎样的价值观，不管那些价值观看起来有多诱人，年轻人都应该有自己的思想、自己的主见。

一个人凭什么和另一个人不同？凭思想的不同。对于各种事情有自己的主见，有自己的一套见解，往往会让你变得与众不同。不同的观念就是一个人胜出的关键，股市上为什么只有少数人能够"稳赢"？因为大多数人都在跟风，都在听专家的话，对于自己选的股票没有自己的见解，而只有少数的人会有自己的见解，对于股票的价值心中有自己的衡量，属于"有谱"一族，所以他们不管操盘手怎样操作，盯到的就是公司整体价值的提升，他们自然会"稳赢"。

对于任何事，都要有自己的主见，30岁以前，大多数人往往是不成熟的，容易模仿，也容易受到周围人的影响，爱攀比、爱炫耀、爱追逐一些奇怪的时尚；性格不定，价值观也极容易改变，这些都是幼稚的表现。所以，要根据自己的特质，跟优秀的人在一起，读引导性的正面积极的书籍，不断坚定自己的信念，这些都可以避免因为青涩、幼稚而犯下荒唐的错误，可以避免迷失自己。

有自己的主见，有自己的追求，不轻易被迷惑，不摇摆不定，是一个人最大的优点。保持头脑清醒，坚持自己的信念，可以让你更快走向成熟。

既要接受帮助，也要努力创造自己的命运

每个人的命运都掌握在自己手里，只要你有这样的信念，就能够主宰自己的人生。你现在所拥有的一切，你现在进行的努力，都是为了能够让自己主宰命运。年轻人常常觉得，只有自己创业，拥有自己的事业，才能够掌握自己的命运。其实，并非如此。

说实话，自己创业的人有求于人的地方更多。打工要看老板的脸色；创业却要看所有客户的脸色。这个世界上还没有谁能够实现真正的自由，完全凭自己的喜好做事，除非你真的安贫乐道，或者达到一定的高度。

年轻的时候，你不想有求于人，不想向别人低头，在以后的岁月里，你会发现，你年龄一大把的时候，还要舍出老脸，给别人弯腰鞠躬。成熟的人都懂得这个世界上没有谁不需要帮助，不需要求人，只有互相帮助，才能实现双赢。

命运掌握在自己手里，意义包含两层：一层靠的是个人的努力和意志，另一层靠的是别人的帮助。不要因为现在你有求于人而觉得羞耻，只有幼稚的小孩子，才会觉得靠自己就能够成功。有求于人，或者从事一份卑微的工作并不是

什么丢人的事，因为工作和求助带来的都是进步，只要有进步，你就会慢慢变得成熟，变得成功起来。

坚持相信命运并不是上天的赐予，而是自己的选择、自己的努力和大家的帮助的结果，这一点有助于你更快成熟起来。怎样把命运掌握在自己手里？怎样才能不必做自己不情愿做的事？怎样才能让自己的一切都在"掌握之中"？年轻人常常很茫然，觉得"工作很痛苦但是还必须忍受，因为我需要生存"是一件很悲惨的事；常常觉得自己没有时间做自己喜欢的事，没有资本按照自己的喜好做事，觉得非常痛苦。如果你没有办法把握自己的生活，像歌里唱的"有时间的时候没钱，有钱的时候没时间"，的确是一件很遗憾的事。

命运的第一步就是"选择"，这个词看起来很简单，但做起来肯定很难。你是想赚更多的钱，取得更大的成就还是想快快乐乐享受自己的青春？如果你想的是功成名就，想的是最终我要成功，成为一个卓越的人，那么势必你要舍弃一些玩乐时间，别人工作8个小时，你要工作12个小时，另外的4个小时是超越别人需要花费的时间。

人生没有两全，只要你觉得自己所选的是对自己最好的、最有价值的，就是一种成熟。不用活在两难之中，不用勉强自己做不喜欢的事，这也是对自己命运的一种掌握。

为自己的选择努力拼搏，能够把命运掌握在自己手中，这对于很多人都是适用的。一个人的努力，可以改变因为家庭、环境而造成的不好的现状。你生长在一个什么样的家庭，受到了什么样的教育，谁都无法改变，可以改变的是你自己。通过个人的拼搏，你完全可以改变周围的环境、自己的境遇，这样你就把命运掌握到了自己的手中。无论土地贫瘠还是肥沃，只要有足够的努力，种上适合的作物，每一块土地都能够有不错的收获。

自己做规划，并按照自己的计划做事，这是把命运掌握到自己手中的具体方式。如果你发现事情的发展是在自己的意料之中，你就会意识到，原来我也可以掌握事物的发展，原来我也可以掌握自己的人生。这种感觉非常美妙，只有按计划行事的人，才能体会这种感觉。

把命运掌握在自己手里，不仅仅是说说而已，还必须有自己的一套实施方案，一方面要接受并感激他人的帮助；另一方面要付出努力，提升自己的能力。当你完成人生的一个阶段，回顾时，你就会感叹原来人真的可以掌握自己的命运。

第3章
全力奔跑,你才能和生命中最美的机遇相逢

>>>>>>>>
我们都知道,一个人能否做成、做好一件事,首先看他是否有一个好的心态,以及是否能认真、持续地坚持下去。信心足、心态好,办法才多。所以,信心多一分,成功多十分;投入才能收获,付出才能杰出。当然,成功卓越的人只有少数,失败平庸的人却很多。成功的人在遭受挫折和危机的时候,仍然顽强、乐观和充满自信,而失败者往往选择退却,甚至是甘于退却。我们应该学会全力奔跑,才能最终收获成功的果实。

痛苦与成长总是和谐共生

人生路上，我们当然会感受到幸福和快乐，但是我们也会感受到痛苦和不快。每个人都渴望自己的人生充满欢声笑语，但是命运之神偏偏与我们作对，总是给我们很多惊吓，使我们意识到人生并不可能十全十美，瑕疵和遗憾是理所当然的存在。

人生之中，幸福快乐固然使人欣喜，但是痛苦和磨炼，才能真正帮助我们成长。每当感受到痛苦时，我们或许会情不自禁地流泪，或许会歇斯底里地发怒，然而不管我们使用何种方法，导致我们痛苦的事情并不会凭空消失，我们的痛苦也不会减弱分毫。面对痛苦，逃避显然是毫无用处的，我们唯有接受痛苦在生命中的合理存在，才能让我们的心渐渐从浮躁归于平静，也才能让我们学会成长。

和幸福快乐一样，痛苦和磨练，也是我们生命中不可或缺的。很多朋友都有过这样的感触，痛苦并非不能承受的，最可怕的是我们面对痛苦的态度。我们越是与痛苦对抗，痛苦就越是容易让我们难受，甚至百爪挠心。相反，当我们觉得痛苦是完全合理的，我们也就能做到与痛苦和谐共生，从而顺其自然地消除痛苦。

她从来不是一个幸运的人。大学毕业后，她只身在伦敦打零工，勉强维持生计。有一次，她去曼彻斯特寻找大学时期的亲密爱人，但是却没有找到。因此，她只好独自乘车返回伦敦。40分钟的火车车程，她直愣愣地盯着窗外，突然发现窗外的田野里有一只黑白相间的花奶牛，她不由得灵光一闪，脑海中浮现出一个男孩乘坐火车去巫师寄宿学校报道的情形。她由此浮想联翩，兴奋不已。遗憾的是，她当时身边没有纸笔，因而无法记下自己的奇思妙想。她只好闭上眼睛，努力把这一刻浮现在脑海中的情形记住。刚刚回到家里，她就马上把这一切详细记录下来。此时，她第一次萌发出写书的想法。

后来，她爱上了一名记者，并且与其组建家庭。遗憾的是，因为她头脑中的奇思妙想，她的丈夫最终无法忍耐，把她连同刚刚出生4个月的女儿一起赶出家门。无奈之下，她只好去爱丁堡投奔妹妹，住在政府的公租房里。从此之后，她正式开始写作，并且一发不可收拾。因为生活拮据，她每天都会推着女儿走半个小时的路程，来到市中心，在一家咖啡馆里坐很长时间，但是却很少买咖啡喝。等到女儿睡着后，她才专心致志地开始从事创作。当时，这个咖啡馆的隔壁那条路名为波特路，因此她灵机一动，称呼小说的主角为"哈利·波特"。

1997年6月，她出版了第一本书，该书一经问世就引起了震动。这部魔幻小说《哈利·波特与魔法石》成为了畅销书，一时之间她的名字也举世皆知，她就是英国大名鼎鼎的魔幻小说家J.K.罗琳。如今，她的7部系列魔幻小说被翻译成63种语言，在全世界范围内发行，并且这些小说全都被改编成电影，风靡全球。毫无疑问，罗琳成功了。她总是说"人生就是受苦"，她的确以人生经历告诉我们，之所以成功，就是因为她趟过了人生的痛苦。

痛苦是人生之中最有营养的养料，只要我们正确对待痛苦，积极消化和吸收痛苦，我们的人生之树就能茁壮成长，最终成为参天大树。我们必须接受人生充满艰难坎坷的事实，也必须知道痛苦是我们不断成长的养分。当我们鼓起勇气，充满智慧地面对痛苦，我们的人生必然变得更加充实、精彩、与众不同。

无论如何，生活总是要继续下去的。面对生活中突如其来的灾难和毫无征兆的痛苦，我们必须意识到，趟人生的痛苦，我们才能不断成长。跌倒了，就站起来，拍拍身上的尘土继续前行，这并没有什么可怕的。

能力不足，并不是我们放弃人生的理由

现代社会生活节奏越来越快，工作压力越来越大，导致很多人甚至产生了力不从心的感觉。然而，无论我们对于生活的感受如何，生活总要继续下去，哪怕是我们自觉心力交瘁，也无法改变生活的任何方面。在这种情况下，很多年轻人因为无法承受巨大的压力，决定放弃人生的博弈。其实，人生的失败并不在于被打倒，而是在于主动地放弃，这才是真正的失败。

从心理学的角度来说，只要我们内心决不放弃，始终屹立不倒，那么就没有任何人能够打倒或者是打败我们。打个形象的比方，我们每个人都像是一颗独一无二的鸡蛋，即便这个世界上有很多鸡蛋，也绝不会有任何鸡蛋与我们完全一

样。因此，我们完全有资格拥有独属于自己的独一无二的人生，但是前提是我们必须拥有自己的梦想，成为一颗有梦想的鸡蛋。也许有些人会说，人生转瞬即逝，根本没有机会和时间重来，因此他们才会缩头缩脑，不敢轻易尝试。其实，谁的人生没有错误呢！越是成功者，他们的人生越是错误百出，但是他们之所以能够最终获得成功，就是因为他们面对各种机会勇往直前，绝不轻易放弃。要知道，当我们放弃与人生的博弈，我们不但完全避免了失败，而且彻底失去了成功的机会。从某种意义上来说，放弃与人生的博弈，就是一种失败，而且是一种无法挽回的失败。

能力不足，并不是我们放弃人生的理由。所谓"尺有所短，寸有所长"，每个人都有自己的特长和缺点。我们唯有清醒理智地认知自己，才能做到取长避短、扬长避短，从而最大限度发挥我们的能力，成就我们的辉煌人生。

大学毕业后，南的很多同学都背起行囊，去了遥远的大城市打拼。只有南，在父母的再三坚持下，考入家乡的公务员系统，成为一名"旱涝保收"的公务员。每当听到其他同学在大城市打拼的辛苦生活，南也曾经暗自庆幸，至少自己的生活是安稳的，也是无须劳心费力的，而且他觉得自己能力不是很强，未必能够适应外面的生活。然而，3年的时间过去，南的生活没有任何改变，相反他的那些曾经风雨漂泊的同学，如今都有了稳定的工作，也过上了风生水起的生活。他们之中有的是公司里的业务骨干，有的已经成为公司里的中层领导。春节聚会的时候，看到那些从大城市回来的同学全都满口新鲜的词汇，南觉得自己被排斥在外。再看看那些已经买车的同学，他更觉得自己的人生是失败的。突然之间，他的内心觉醒了，他不愿意自己的人生就这样数十年如一日地过下去，否则人生还有什么意义呢！

　　思来想去，南决定放弃自己的工作，他要展开翅膀，去天空中翱翔，这样才有可能成就自己精彩的未来。然而，父母对于南的决定极力反对，他们原本还指望着南工作稳定之后结婚生子，给他们生个大胖孙子呢！但是，南心意已决，他虽然知道未来很不确定，但是至少他很清楚一点，即他不愿意再这么活着。就这样，南离开了自己熟悉的小县城，也离开了父母的翼护。他没有投奔那些已经有所成就的同学，而是去了一个陌生城市，他下定决心，要让自己重新开始，超越人生。南此刻充满了信心，他坚信只要自己不遗余力，拼尽全力，就一定能以自己的力量博弈人生。

没有人的能力是绝对强大的,很多人的强大都是相对而言的。因此,我们完全没有必要妄自菲薄,因为当我们觉得自身能力不足,其他人也会产生同样的感受。所以,我们无须担忧,而要对自己充满信心,这样我们才能最大限度发挥自身的能力,挖掘自身的潜力,从而更加积极主动地面对生活,创造人生。

我们每个人都是这个世界上独一无二的个体,不管我们的优点和缺点相比,优点更多还是缺点更多,我们都必须相信自己有着独到之处,也要坚定不移地以自己的力量与最坚硬的东西碰撞。还记得村上春树的那句话吗?假如以卵击石,与坚硬的石头相比,我更愿意站立在鸡蛋这边。的确,趁着我们还年轻,趁着我们还有梦想,也还心怀希望,就让我们成为这个世界上最坚硬的鸡蛋,与未来死磕,与人生博弈吧!

有梦想的人,总是能熬过最难熬的时光

几乎每个人对于人生都有自己的梦想和渴望,也对未来

怀着憧憬。然而，有梦想的人生，未必是一帆风顺的人生，甚至大多数已经实现了人生梦想的成功者，无一不是在人生路上不断奋斗和努力，最终超越人生困境，还过人生坎坷的。他们很清楚，有梦想只是人生起航的第一步，随之而来的是，我们必须把梦想变成现实，勇敢地迈出实现梦想的脚步，这样我们的人生才能不再晦暗，我们的未来也才充满光明和希望。

也许有些朋友会说，既然人生有了梦想也未必能够实现，那么我们不如不要梦想，就这样朝前努力生活。其实不然。虽然很多人都无法真正实现人生的梦想，但是梦想却是人生的引航灯。就如同船只在海上航行，必须有目的地才能坚持正确的航向，一往无前，人生也是如此。没有梦想的人生，就像船只在海面上失去方向，很容易变得迷茫，甚至最终不知所踪。所以正如马云所说的，梦想还是要有的，万一实现了呢！此外，梦想还能够激励我们充满力量，斗志昂扬。在人生路上，很多人都会遭遇人生的困境，甚至陷入绝境，如果没有梦想和希望作为指引，那么很容易彻底绝望，导致人生止步不前。

日常生活中，我们总是羡慕成功者，仰望他们身上的光环。殊不知，所有的成功者，都是经历成功之前的晦暗时刻，艰难地熬过来才能获得成功的。他们心中始终揣着梦想和理想，哪怕经历再多的艰难坎坷，也能够一往无前，绝不退缩和放弃。

如今，很多年轻人都热衷于穿着以斯克劳斯与戴维斯为品牌的牛仔服装。但是，却很少有年轻人知道这个品牌的创始人——斯克劳斯的故事。不得不说，斯克劳斯创立牛仔品牌的过程充满传奇性，也是跌宕起伏的。

斯克劳斯的妈妈是个裁缝，因为从小受到妈妈的影响，斯克劳斯也很喜欢时装。然而因为家境贫寒，他并没有很多布料可以用来练习裁剪，所以他就用妈妈给人做衣服之后剩下的废弃布料做形形色色的小衣服。一个偶然的机会，斯克劳斯得到了一块旧的帆布。对他而言，这么大的一块布是很珍贵的，他用这块帆布给自己做了一套衣服，穿在身上。那个年代，根本没有人用这样的粗硬布料做衣服，看到的人都对斯克劳斯指指点点，还说他是疯子呢！后来，妈妈看到斯克劳斯真的很喜欢时装，就建议他拜当时大名鼎鼎的时装大师戴维斯为师，从而更好地学习。当年，年仅18岁的斯克劳斯带着自己亲手设计和制作的粗布衣服来到戴维斯的公司。

虽然除了戴维斯以外，公司里根本没有人对斯克劳斯的服装作品感兴趣，但是斯克劳斯得以留下来。

起初，戴维斯很支持斯克劳斯，并且鼓励他设计粗布衣服。但是，因为当时的人并不喜欢穿这种粗布衣服，因而大量服装积压在库房里，导致戴维斯对斯克劳斯也产生了怀疑。但是，斯克劳斯从未放弃自己的梦想，他坚信终有一日人们会喜欢上这种粗布衣服，所以他一直坚持设计和改良粗布服装。后来，斯克劳斯尝试着把这种耐磨的衣服运到非洲给劳工们穿，因为价格低廉、结实耐穿，这些衣服居然全部卖光了，从此他渐渐打开了粗布衣服的销售局面。

经过用心设计，斯克劳斯还把粗布衣服制作成适合旅行者穿的款式，居然受到旅行爱好者的追捧。他们发现，这样的衣服穿在身上别有风味，而且因为布料粗糙耐磨，所以更多的人开始接受和喜欢粗布衣服，最终这种由斯克劳斯设计的粗布衣服被称为牛仔服，风靡全球。

假如不是因为斯克劳斯坚持自己的梦想，不断设计、创新和改良自己制作的粗布衣服，而且绞尽脑汁地打开销路，使粗布衣服得到越来越多人的认可和喜爱，那么世界上也许迄今为止还没有牛仔服的出现呢！如今，很多户外旅行爱好者，包括很多爱美的女孩，都非常推崇牛仔服。这就是坚持梦想的力量。每个人在实现梦想的路上，都会遭遇坎坷挫折，也会遇到很多艰难时刻，我们唯有始终坚持梦想，决不放弃，才能最终熬过成功前的艰难时刻，成功创造自己的人生，实现自己的梦想。

在如今这个时代，人人都有梦想，人人都无愧于梦想家的称号。在遍地绽放的梦想中，我们最重要的就是脚踏实地地坚持自己的梦想，从而做到坚持不懈，百折不挠，也才能真正地成就梦想，创造属于我们的未来。让梦想照亮我们前行的路，让人生因为梦想而绚烂吧！

凡事做到拼尽全力、不遗余力

面对人生路上的诸多坎坷挫折，很多朋友总是情不自禁地想要放弃。殊不知，真正的失败并非来自外界的打击，也并非是结果的不尽如人意，而是我们在没有拼尽全力的情况下就轻言放弃，在自己拥有的时候不知道珍惜，肆无忌惮地挥霍曾经拥有的一切。其实，一个还没有拼尽全力的人，一个不知道珍惜拥有、肆意挥霍的人，是没有资格和权利说放弃的。谁的人生不是奋力打拼来的呢？谁的人生不是在经历了难以想象的煎熬和艰难的跋涉之后，才一步一步走到今天的呢？与其把宝贵的时间用来抱怨，与其还有余力就被失败打倒，不如勇敢地站起来，继续朝前走，唯有如此，我们的人生才能更加坚定不移，勇往直前。

这个世界上绝没有一蹴而就的成功，更不会有天上掉馅饼的好事情。我们作为普普通通的人，只能更加不遗余力地努力。所谓"靠天靠地不如靠自己"，唯有依靠自身的努力，我们才能真正做到自强自立。当然，人生是有挫折的，尤其是在通往成功的路上，我们更是会遭遇很多磨难，也会遇到重重阻碍。每当这时，一味地抱怨命运不公显然于事无补，最重要的是，我们要拼尽全力、不遗余力。要知道，奇迹总是属于那些奋斗到最后一刻也依然充满希望的人。换言之，还有余力的人是没有权利说放弃的。

结婚之前，若彤的人生不是这样的。她非常骄傲，很擅长写文章，在学校里也算是个小小的才女。当然，班级里的男生不是没有注意过若彤，可惜当时的若彤总是瞧不上这些不够成熟的小男生，她的梦想是找一个比自己大6岁的男人结婚，然后让自己成为一只被宠坏的小猫咪。

大学毕业后，若彤回到家乡的小县城，成为一名老师。如果仅从表面来看，若彤很文静，当老师当然是很合适的。但是实际上，若彤的心底里燃烧着生命的激情，她根本不甘心就这样在学校里度过自己的一生，更不愿意一辈子都围绕着三尺讲台转。为此，有朋友想介绍她认识李峰时，在没有见到李峰之前，她就因为李峰在上海工作而怦然心动。那时，她天真地想："假如我和李峰结婚，不就可以辞职去上海，从而离开这个死气沉沉的小县城了吗？"这个想法使她激动不已，也使她看到人生中不能错失的机会，她几乎在还没有见到李峰的时候就已经决定接受李峰了，原因只是她想去上海。

虽然她曾经对于爱情有着无限的憧憬和渴望，但是她还是如此仓促地选择了自己的婚姻。她在和李峰只见几次面之后，就嫁给了李峰。然而，到了上海之后她才发现李峰的工作并不像他自己说的那么好，而且李峰脾气暴躁，读的也根本不是什么所谓的大学，身上带着很多不好的习性。才刚刚两个月，若彤就无法忍受李峰，最终选择了离婚。独自在上海，原本是依靠着李峰而来的，如今却与李峰形同陌路，若彤感到发自内心的绝望。但是，若彤并没有放弃希望，她很清楚父母辛苦供她读大学，并不是让她自暴自弃的，自己还可以挣钱养活自己。对此，她不由得暗暗想道："我不能放弃，我必须更加努力，才能彻底改变命运。"就这样，若彤住在地下室，开始四处奔波找工作。一个多月后，她找到了一份很普通的工作，而且薪水待遇也不高。接着几天加班，若彤累得精疲力竭，简直没有力气再挤公交车和地铁回到家里。若彤想要放弃，回到父母的身边接受父母的照顾，但是她知道，自己一旦回去，就再也没有机会走出家乡，一生的命运也许就会彻底改变。若彤决定咬牙坚持下去，决不放弃。

5年后，若彤简直今非昔比，她已经成为一家大公司的中层管理者，不但依靠自己的能力在上海买房买车，而且还得到了上司一位钻石王老五的赏识和喜爱。很快，她就把父母都从老家接到上海，彻底在上海安家落户了。

在人生的重大转折点，如果若彤选择了放弃，也就放弃了整个人生。但是若彤很理智，她选择了在能继续活下去的情况下，依然坚守上海。正因为当时的决定，她才有了今日的成就和人生，也才彻底改变了自己的命运，成为自己命运的主宰。

谁的人生路上会永远一帆风顺呢？谁的青春岁月不是在拼搏和奋斗中度过的？如果我们因为年纪小，不了解其中的道理，不如问问身边那些年长的人，他们一定会告诉我们人生是熬过来的，是一波又一波、一折又一折这么跌宕起伏过来的。因而要想成功跨过人生的沟沟坎坎，我们就必须让自己的内心变得更加强大，这样才能拼尽全力，为了我们明日的安逸舒适，付出我们今日所有的能力和精力。

第4章
重新找寻你自己想要的人生,别让青春留下遗憾

>>>>>>>

在任何一个年轻人的心里,都有自己想要的人生,而要想改变现状,就要冷静下来,认识一下真正的自己。如果你觉得现在的人生有遗憾,不是你想要的,不妨递给它一份辞呈,重新去找寻自己想要的人生!

认清你现在拥有什么

人生在世，既不要妄自菲薄，自轻自贱，也不要妄自尊大，不把任何人看在眼里。只有不卑不亢地面对人生，我们才能与他人形成平等友好的关系，也才能在人生路上走得更加平稳。尤其是现代社会，贫富差距很大，越来越多的孩子从一出生开始，起点就不同。现实生活中，人与人的发展也很不均衡，导致很多人在面对人生的时候都愤愤不平。

其实，生命对每个个体都是平等的。人生路上，不管是谁，都要客观认知和评价自己。要知道，我们是谁并不重要。重要的是，我们拥有什么，我们想要怎样生活，以及我们对待人生的态度，这才是影响我们人生的重要因素。

大学毕业后，刘斌始终奋发向上，他除了做好本职工作外，更是拿起笔开始从事自己喜欢的写作，也的确在一些有影响力的刊物上发表了一些作品。有一次，刘斌要参加一项比赛，应主办方的要求填写表格。在填写个人资料中所获奖项和成就时，他重点填写了自己在几本重要刊物上发表文章的经历，此外还简单写了自己发起的一项"希望旅程"公益活动。

对于这个公益活动，刘斌并没有详细写，只是一笔带过。这个活动是他发起和组织的，目的在于每年冬天到来之前，从各个社区募集过冬的衣物和图书，送到西部山区，捐给那些需要的人和学校里的孩子。然而，出乎刘斌的预料，大赛组委会后来主动联系他，邀请他作为这次比赛公益类的代表人，到会上发表讲话。对这样从天而降的特殊荣誉，刘斌很惊讶，因而特意问大赛组委会的负责人，为何在那么多有头有脸的人物中，偏偏选择了他。大赛组委会的负责人告诉刘斌："在诸多参赛者中，的确有很多人都曾经为公益做出贡献。但是，只有你，作为公益活动的发起人和组织者，的确成功组织了好几年的公益活动，并且迄今为止仍然在坚持。"负责人的话使刘斌恍然大悟。原来，一个人最重要的不是拥有多少头衔，而是真正发自内心地想做并且毫不迟疑地去做了什么。他的活动虽然很小，但是却是他真心做的，这就是他屹立于社会的资本。

在现实社会生活中，我们每个人都有各种各样的头衔。但是，这些头衔之中的大多数只能代表我们在这个社会上的身份，并不能真正代表我们做了什么，想做什么。在叩问心灵的时候，我们更需要真实面对自己的内心，才能知道自己真正拥有什么。

在从小接受的教育中，我们不难发现，我们的长辈、老师，都希望我们按部就班地成就自己的人生。然而，人生本身并不愿意这样被安排，我们自己也希望自己的人生与众不同。因此，我们渐渐拥有属于自己的梦想，也不再愿意被安排、被指挥。我们必须记住，不管我们是谁，我们都值得拥有想要的生活，我们也都要清楚自己在人生中拥有的资本。

遵循生命的规律，让我们的人生更充实

人生不仅仅是一个点，也不仅仅是一条线，而是一条有宽度的拉长的线。所以有人把人生比喻成一次旅程，而且不知道终点的旅程。这个比喻非常贴切，人生的确是不知道终点的，因为乘坐着人生这趟列车，谁也不知道自己将会在何时下车，结束生命之旅。难道我们为此就要拼命不停地奔跑，从而争取在人生的旅程中走过更多的路吗？当然不是。

人生不但有长度，也有宽度，我们作为人生的主宰，不但要追求人生的长度，更要看重人生的宽度。归根结底，如果人生毫无意义，变得和一根线一样毫无宽度可言，那么哪怕走过了生命最长的长度，也未必值得赞许。

既然人生是一条有宽度的线性过程，那么我们理所当然可以根据不同的时间点，把人生分成不同的阶段。众所周知的，婴儿阶段的生命，除了吃喝拉撒之外，就是要不停地生长。幼儿阶段的生命，除了最基本的生理需求要得到满足之外，还要学习很多人生中必须学会的事项，让幼儿渐渐走向独立，从而获得成长。随着不断成长，孩子也在经历人生不同的阶段，直到成人。很多人觉得，成人阶段是不再进行区分的阶段，其实不然。即便是成人阶段，人生也会进行细微的区分。例如同样是成人，有的人刚刚走出大学校园，要以工作为重；有的人则已经事业有成，需要考虑个人的感情和婚姻问题；在有了孩子之后，作为父母又开始经历上有老下有小的人生阶段，因而成为负担沉重的中年人，导致他们想的会更多，忧愁也会更多，当然，责任和担当也相应增多。毋庸置疑，人生阶段的划分并非是绝对的。更多的时候，我们必然要跟随人生的不断成长，经历独属于自己的不同人生阶段。我们需要做的就是少安勿躁，杜绝急于求成。唯有如此，我们的人生才能更加坦然从容，我们的生命也会渐入美好的境界，不再因为急躁变得举步维艰。

高中期间，楠楠早恋了。虽然她知道早恋会影响学习，但是看到她喜欢的男孩给她写情书，她还是难免怦然心动，无法抗拒。当时正值关键时期的高二，楠楠的学习成绩有了很大的波动，虽然老师和父母都和她数次谈心，但效果却很差。原本，楠楠以为这次恋爱就是地久天长，却没想到在他们在高考中双双落榜之后，他们的爱情也渐渐褪色。最终，楠楠和初恋分手，开始了复读的人生。

痛定思痛，经过一年的刻苦努力，楠楠终于考入心仪的大学。大学期间，班级里很多同学都谈恋爱，但是楠楠对于自己失败的初恋却心有余悸。她选择专心致志地学习，留着自己的感情等到人生最美好的时节再绽放。果然，楠楠在大学毕业两年后，工作稳定，变得更加成熟稳重，这时，她迎来了自己命中注定的白马王子。这是一个非常优秀的男孩，不但能力很强，学识渊博，而且彬彬有礼，很有涵养。与这个男孩谈恋爱的经过，让楠楠对于爱情有了更深刻的理解，她这才意识到父母和老师当初为何劝说她要等到合适的年纪再谈恋爱。此时再回头看看曾经让自己刻骨铭心的初恋，她不由得哑然失笑。虽然她不能否定初恋，但是她真的觉得那不是真正的恋爱，只是两小无猜的打打闹闹。这一场以结婚为目的的恋爱，让楠楠如沐春风，如获新生。她在与男孩恋爱两年后，幸福地走入了婚姻的殿堂，他们都无限憧憬着未来的生活。

人生的每个阶段，都有每个阶段的特殊使命。我们要想收获人生，就必须按照人生的节奏去安排自己的一生。当然，这并非让我们对于人生墨守成规，而是指我们必须像遵循大自然的规律一样，遵循生命的规律，这样我们的人生才能更充实，更自然，也才能让我们按部就班地生活。

每个人在人生的不同阶段都有不同的使命，就像饿了要吃饭、渴了要喝水一样，我们的人生也必须按照生命的节奏进行，才能获得最精彩的绽放。

任何成功，都不会从天而降

现实生活中，每一位朋友对于生活都有着无限的憧憬。

我们梦想着自己的人生有着美好的未来，能够衣食无忧，财务自由；也梦想着我们能够获得成功，有闪耀的光环。虽然每个人因为人生经历的不同，对于自己未来的憧憬也有很大的不同，但是每个人都在竭尽所能地把自己的未来想得更好，也希望自己的人生能够更加与众不同。遗憾的是，现实是残酷的，虽然我们常常用"万事如意、一帆风顺"来祝福他人，现实情况却是没有人的人生会真的顺心如意。大多数人的人生都会遭遇坎坷与挫折，尤其是人生的很多事情还会事与愿违，伤害我们的憧憬和幻想。在这种情况下，我们如何才能让人生朝着我们梦想和预期的方向发展呢？最重要的就在于，我们必须意识到天上不会馅饼，更没有一蹴而就的成功。哪怕只是小小的愿望，我们要想实现，也必须付出代价。

一个人，凭什么能够过上自己想要的生活呢？归根结底，我们的生活不是梦想来的，而是靠着实干和打拼的精神，努力争取来的。我们只看到成功者的光鲜亮丽，却没有看到他们在获得成功之前，付出了多少努力，遭遇了多少艰难坎坷。任何情况下，世界上都没有免费的午餐，我们想要享受美食，穿上时装，或者是在工作上获得成就，都必须付出相应的努力。大多数朋友对于人生的追求仅限于做自己喜欢做的事情，那么，我们不免要问，到底什么事情才是我们喜欢做的呢？纯粹的爱好当然能够给我们的生活带来乐趣，但是如果我们不务正业，一心一意只想着玩耍，那么我们的生活最终将会变得很难堪。换言之，经济基础决定上层建筑，假如我们都无法解决自己的温饱问题，不能让自己有尊严地活着，所谓的爱好又如何能够找到生存和发展的基础呢？我们就算把爱好当成自己毕生的事业去发展，也未必能够如愿以偿地获得成功，而且人生也未必就会因此获得幸福快乐。

现代职场，很多朋友都因为对工作不满足，心里总是迈不过去那个坎。殊不知，我们要做的不是爱一行干一行，而是干一行爱一行。"一万小时定律"告诉我们，只要在10年里每天坚持付出3个小时做好我们的本职工作，那么我们的工作一定会风生水起，获得成就。这个定律的验证，还是在我们从事并非自己热爱的工作的情况下。因此，不要再把宝贵的时间用来抱怨，抱怨绝不是你获得自己想要生活的资本。更多的情况下，我们与其抱怨，不如竭尽所能地努力奋斗，从而经营好自己的人生。

当然，现代社会进入信息大爆炸的时代，我们常常能够通过各种各样的渠道获知别人的成功。在这种情况下，我们还要保持内心的坚定不移。因为人云亦云、捡起芝麻丢西瓜的人，是不可能获得成功的。所以，我们既不要学习别人拼命三郎的劲头不顾命地工作，也不要如同他人一样冲动地辞职去旅行。我们对于自己的人生必须有自己的规划，而且要内心坚定，才能以顽强的毅力最终在与命运的博弈中获得成功。

现实生活中，很多朋友都觉得自己过得憋屈。如购物车里加满了各种各样的商品，但是却始终找不到理由下定决心去结算；很多男性朋友面对自己的梦寐以求的汽车，无论怎样都买不起。的确，生活总是充满无奈，但是承受着无奈的我们却不能因此放弃努力。任何情况下，我们都必须非常认真努力，才能最大限度掌握人生的主动权。看过《还珠格格》的朋友，一定还记得那个给紫薇和小燕子当配角的金锁。再看看今天的娱乐圈，当日的"金锁"早已不可同日而语，现在的"金锁"是国际大腕范冰冰，她的风头远远超过赵薇和林心如。然而，只有范冰冰自己知道，为了获得今天的地位和成就，付出了多么大的努力。她这么多年来，始终牢记着自己说过的话，"我所有的努力都是为了获得主动"。正因为她这么说了，也这么做了，所以她才能有今日的成就。

很多时候，我们与其临渊羡鱼，不如退而结网。与其抱怨，不如把抱怨的时间都用来更好地努力奋斗，这样我们至少能够提升自我，也让自己掌握更大的主动权。很多朋友之所以觉得生活压抑、无望，满心疲惫，就是因为在生活中缺乏主动，过于被动。想想今日的无奈，我们就会知道只有在今日更加努力，未来才会有主动的生活，把握人生的主动权。所以朋友们，让人生如愿以偿是必须付出代价的。从现在开始，就让我们更加积极主动地面对生活，也不遗余力地用心付出吧！

坚信自己出类拔萃，一定能够获得成功

背井离乡、在大城市生活的人，每当夜幕降临的时刻，看着道路上车水马龙，看着每一扇窗户中透露出的万家灯火，内心深处一定有着深深的感慨和感叹。的确，大城市居大不易，尤其是对于毫无根基和背景的年轻人而言，在大城市独自奋斗，更是艰难。然而，对于每一个年轻人而言，梦

想总是在远方。我们要想成就非凡，就必须执着地追求属于自己的梦想，这样我们的人生才能出类拔萃。

当生活遭遇坎坷挫折的时候，当人生遇到困境无法摆脱的时候，我们难免会因为各种各样的原因，感到沮丧绝望。殊不知，人生是需要超越的，我们唯有充满信心，才能最大限度发挥自身的潜力，实现人生的梦想。自信，是人生获得成功必不可少的品质，没有信心作为支撑，在漫长坎坷的人生路上，我们如何能够最大限度实现人生的梦想呢？所以不管何时，我们都要坚信自己出类拔萃，一定能够获得成功。

作为世界上大名鼎鼎的交响乐指挥家，小泽征尔是非常自信的，而且也能够不畏权势，在诸多专家和权威面前，始终坚持自己的意见。有一次，小泽征尔过五关斩六将，获得了参加世界优秀指挥家大赛决赛的资格。在演奏的时候，他按照大赛委员会给出的乐谱进行指挥。然而，演奏进行到一半的时候，小泽征尔敏感地听到不和谐的音符。为此，他当即停止演奏，决定重新开始。再次演奏之后，在相同的位置，小泽征尔再次听到刺耳的音符。如果说第一次发现错误，他以为是乐队出错了，那么第二次发现错误，他很肯定是乐谱有问题。为此，他当即向大赛委员会反应，出乎他的预料，那位评委和专家连看都不看乐谱，就说他肯定搞错了，因为乐谱是绝对没有错误的。小泽征尔坚信自己的判断是正确的，尽管他的提议几次被否定，他依然坚持己见，最终斩钉截铁地说："不！我没有错，肯定是乐谱错了！"没想到，他刚刚说完这句话，那些评委专家就全都站起身来，庆祝小泽征尔在这次比赛中夺得了冠军。

原来，乐谱上的错误是评委们特意设计的"陷阱"，目的就在于检验指挥家在指挥过程中如果发现乐谱上的错误，能否坚持自己的正确观点，指出乐谱错误，并且不屈从于权威人士。

在比赛的过程中，尽管其他决赛选手也发现了乐谱的错误，但是最终却因为权威们的一致反对没有坚持自己的意见，屈从于权威的观点，导致最终被淘汰。小泽征尔则恰恰相反，虽然面对诸多评委和权威专家的一致反对，但他却始终坚持自己的意见，并且毫不畏惧地指出乐谱的错误。所以，他才能在世界优秀指挥家大赛上赢得冠军，这也真正代表了他的实力。

所以，任何时候，我们都要对自己满怀信心。唯有相信自己，才能最大限度发挥自己的能力，也才能在有异议的时候坚持己见，从而不断提升和完善自己，使自己真正成长和成熟起来。不管沧海桑田如何变幻，也不管我们是否孤身一人，只要我们内心坚强，就能够找到自己内心的依靠，从而找到精神上的支柱，不断地给自己加油鼓劲，成就辉煌灿烂的人生。

"一夜成名"其实是不遗余力奋斗的成果

在这个信息大爆炸的时代，我们时常在一觉醒来，突然发现某人一夜成名，而且有了让世人羡慕的成就。我们不由得羡慕妒忌恨，责怪自己为何没有一夜成名的潜质，抱怨命运在我们付出这么多之后为何不能给予我们小小的回报。其实，我们看到别人的一夜成名，并非真的是一夜成名，而只是一夜成名的假象。究其原因，我们从未看到过他人在成名之前的付出，所以就误以为他们是一夜成名。现实情况却是，这个世界上没有任何真正的一夜成名，每个人在一夜成名之前，必然付出了极致的努力，他们的努力甚至超乎我们的想象。如著名歌手蔡依林，身材瘦弱娇小，为了在舞台上献给歌迷们最劲爆的热舞，她曾经在舞台上累得昏厥过去。朋友们，也许你们从小也练习舞蹈，也喜欢唱歌，但现在还没有出名，你们可曾扪心自问自己是否像蔡依林这么拼命呢！

朋友们，不要只看到成功者的荣耀和光环。要想让自己获得进步，我们更应该发奋努力，这样我们才能在流过汗流过泪之后，赢得自己想要的生活。除了要付出努力之外，我们还要学会坚持。很多人之所以总是与失败结缘，就是因为他们总是半途而废。要知道，任何成功都不是一蹴而就的，通往成功的道路是漫长的，也必然是艰辛的。我们唯有不遗余力地战胜困难，挑战和超越自我，才能成为别人眼中的"一夜成名"。

如今，提起德云社和郭德纲，几乎无人不知，无人不晓。郭德纲是21岁那年去北京奋斗和打拼的，但是他初到北京时却四处碰壁，接连遭遇不顺。为了维持生计，他不得不和几个朋友成立俱乐部，联合起来站在街头卖艺。很多个夜晚，街头灯火阑珊，人们早就回家了，他却固执地站在舞台上练习，直到声嘶力竭。对于朋友劝说他不要拼命，他也总是一笑置之。在整整几年的时间里，他每天都在玩命地练习，居然熟练背诵了600多个流传至今的相声段子，最终为自己赢得了小小的名气。

然而，命运并没有因此青睐郭德纲，而是和他开了一个残酷的玩笑——他继续默默无闻，无人关注他。一天深夜，他骑着自行车回出租屋，半路上车却坏了。为此，他不得不步行，直到天色微亮才到达。这一天，他因为淋了夜雨，高烧不退。为此，身无分文的他不得不卖掉破旧的传呼机，才换了十几块钱给自己买了感冒药，又买了两个馒头果腹。当天下午，他带病参加表演，脸色虽然蜡黄蜡黄的，心中却燃烧着热血。就这样，他靠着一无所有终于在北京为自己赢得了一席之地。后来，他得到侯耀文的赏识，被侯耀文收为徒弟。从此之后，郭德纲总算苦尽甘来，也因为有了师父的指点，再加上自身的刻苦拼搏和奋斗，最终红遍了大江南北。

朋友们，不要再抱怨自己没有结交好运，没有得到命运的青睐，我们与其关注成功者的光环和荣耀，不如更用心地了解成功者曾经的努力和奋斗。要知道，我们唯有不懈努力，与命运博弈，才能迎来人生的契机。

第 5 章
你只需要下定一个决心,然后全力以赴

>>>>>>>>
有位名人曾说:"做你想做的事吧,如果你一生都热爱你所做的一件事情,那么你便已经成功了,你的人生有一份自己的答卷。"这句话是要告诉生活中的年轻人,从现在开始就要找准自己的方向,找到自己的优势,就要追随自己的内心,只有这样,你才能朝着既定的目标奋斗,才能真正获得自己想要的人生。

只有坚持自我，才能活出自己的真实和精彩

每个人都是一块棱角分明的石头，想要改变这个世界，让世界的角度符合我们自身的棱角。遗憾的是，世界总是客观存在的，没有任何人有力量改变它。这样一来，我们如何在这个世界中更好地生存，如何发挥自己的能力让自己生活得更好，就成为我们必须面对的问题。当然，我们生活的环境远远不止客观存在的世界那么简单。人是群居动物，作为现代社会的人，只有融入现代社会，才能为自己赢得最大限度的发展，赢得人生的进步。

从各种影视剧中，包括从我们身边的人和事情里，我们总能看到有人为了迎合这个世界，毫无原则和底线地改变自我。的确，我们不是完美的，存在很多缺点和瑕疵，也因此被他人指责。面对他人的不满，是选择坚持自我，还是选择改变自己以迎合他人呢？对于这个问题，也许有些人觉得很难做出选择，但是现实情况却是，我们即便再怎么改变，也无法得到所有人的肯定和认可，更无法让自己真正变得十

全十美。既然无论我们如何委屈自己,都无法让所有人都满意,都还是受到他人的指责和抱怨,我们又有何必改变自己呢?不改变自己,我们至少坚持自我,活出了真正属于自己的真实和精彩。所以聪明的朋友对于这个问题一定能够给出明智的回答。

现实生活中,很多朋友对于自己并不满意,他们或者觉得自己不够聪明,或者因为自己天生就存在的缺陷感到遗憾。但是,我们必须知道,在这个世界上,没有人不想拥有健全的身体和健康的心灵。很多时候,我们的确不那么完美,但是这并不意味着是我们的错。就算存在严重的缺陷,也无须因此感到自卑。命运总是公平的,它在关掉我们的门时,总会为我们打开一扇窗。我们唯有保持积极乐观的心态,充满希望地面对人生,才能打开人生的窗户,从而为自己赢得新的生机。

在这个世界上,真正的善良一定是尊重人性的;而真正的邪恶,则总是想要主宰他人的生命。朋友们,无论我们的身份是高贵还是卑贱,也无论我们的地位是高还是低,任何时候,我们都要尊重自己,也要尊重他人。唯有保持人性的真实与自然,我们才能更加贴近生命,最终寻找到人生的意义和真谛。因此，无论外界的人如何评价和判断我们，我们都应该坚持本心。否则，一旦我们屈服，我们的人生就会就此沉沦下去，我们也会真正在他人面前低人一等。

每个人都想成为勇敢的人，殊不知，真正的勇敢并非体格上的健壮，而是精神上的强大。我们不但要有力量，更要充满希望。记住，我们的人生只属于我们自己，而且我们是自己生命唯一的主宰。我们不应该活在他人的眼睛和嘴巴里，更无须讨好任何人，特别是那些对我们心怀恶意的人。正如人们常说的，道不同不相为谋。对于那些与我们心意不相通的人，我们根本无须在乎他们的看法和想法。要知道，我们的人生我们自己做主。拥有成功的人生，我们就会更加令人羡慕。在人生的路上遭遇失败，我们只能默默承受，勇敢面对。正如但丁所说的，走自己的路，让别人说去吧！的确，既然不管我们做得是好还是坏，他人都是注定要说的，那么何不任由他人去说呢！因为即使我们改变了，也无法让他们闭嘴。

每个人从人生的路上走过，都曾经有过激情燃烧的岁月。然而，哪怕激情渐渐退去，人生沉淀之后变得安稳，我们也依然需要对生活满怀热情。对于生活的困顿，很多人都觉得难以接受，甚至想方设法地对抗。殊不知，解决困顿的方法并非一朝一夕就能想出来的，我们完全可以改变思路，与困顿和平共处。任何时候，生活都不会一帆风顺，但是我们必须满怀希望和憧憬地继续前行。所谓"存在即合理"，在这个世界上，我们要接受和享受那些美好，也要接受和拥抱那些烦恼忧愁。唯有如此，我们才能勇敢面对人生，迎接未来，点燃希望。

只要内心屹立不倒，人生就没有绝境

在海明威笔下，《老人与海》中的桑迪亚哥老人，无疑是举世闻名的硬汉。虽然他没有做什么惊天动地的大事情，但是他在与鲨鱼搏斗的过程中，真正超越了自己，成就了自己。他的那句话更是人尽皆知，即"一个人尽可以被打倒，但就是不能被打败"。鲨鱼虽然抢走了老人捕捉到的那头硕大的鱼，但是并没有真正征服和降服老人。为此，就算老人已经筋疲力尽，我们也可以想到他在未来的人生中，依然会勇敢地驾驶小船去到海洋深处，创造属于自己的人生奇迹。

现实生活中，我们最缺少的就是这种精神。这种精神就像是一面旗帜，让我们尽可以被打倒，但就是不会被打败。其实，这也间接说明了一个道理，即人生是没有绝境的。很多时候，我们误以为一旦走入死胡同，就再也难以摆脱命运的桎梏。但是有史以来的无数事实告诉我们，只要内心屹立不倒，我们的肉体哪怕倒下了，也是永不屈服的。由此可见，一个人的态度最终决定了他是否被打败。同样的道理，假如我们想把握人生的主动权，也愿意拼搏出属于自己的精彩人生，那么我们必须保持有毅力的姿态，不管遇到任何困难都始终奋勇向前，绝不畏缩。

面对人生，很多时候我们都觉得迷惘不安。究其原因，是因为我们缺乏信心，也没有必胜的信念。殊不知，这样一来，在犹豫不决和摇摆不定中，我们就真的失败了。其实，未必是因为我们的选择不够明智，而是因为我们对自己的选择没有足够的信心。生活中，我们虽然要参考他人的建议，但是也要相信自己的选择，尤其是对于我们深思熟虑后做出的选择，更要坚定不移地拥护，这样才能毫不迟疑地付诸行动。

生活中有一种奇怪的想象，即生活本身并无定论。大多数情况下，生活会朝着我们坚信不疑的样子发展。诸如我们相信什么是对的，我们希望生活一定会变成什么样子，生活就会如同受到暗示一般，朝着我们期望的方向发展。其实，从本质上说，是我们自身受到了暗示。这样强烈的带有暗示作用的自信，能够帮助我们最大限度地发挥自身的潜力，并且不断鞭策和激励我们朝着自己所期待的样子发展。因而，我们要想改变自己，就必须树立正确的人生观、世界观和价值观。虽然从琐碎的生活细节来看，这三观都是形而上的，对于我们的人生很难起到立竿见影的作用，但实际上，这三观对于人生具有很强的指导意义，也会最大限度影响我们对人生的诸多决策。因此，我们必须树立那些正确的观念，然后再以此为指导，帮助我们赢得美好未来。

大多数情况下，人们之所以人云亦云，除了耳根子软的原因之外，与缺乏自信也有着非常密切的联系。很多时候，越是面临重要的选择，我们就越是拿不定主意，甚至还会因为担心承担责任而选择逃避。要知道，伟大的人生从来不是逃避出来的，真正的勇士和强者会坚定信念，从不畏缩迟疑。当然，任何选择都有可能成功，也有可能失败。成功了当然皆大欢喜，一旦失败，我们的人生也许就会进入转折点，甚至还会因此蒙受惨重的损失。因此，有很多朋友为了逃避失败，选择不敢面对。现实却是，当故意逃避的时候，我们虽然不再会失败，但是也与成功彻底绝缘。那么朋友们，你们是愿意承受一定的风险争取成功呢，还是继续坚持无为而治的原则，让人生变得苍白、乏味呢？

我们必须相信自己，哪怕失败了，我们也能够从中汲取经验和教训，也能够最大限度发挥我们自身的能力，把结果变得更好一些。很多朋友都喜欢看童话故事，就是因为他们始终没有放弃对童话的憧憬。正如马云所说的，梦想还是要有的，万一实现了呢！所以朋友，让我们从现在开始就勇敢地畅想未来，坚强地面对失败吧！哪怕失败，也比毫无作为、虚度一生更有意义，更有价值。

改变内心，尽快让人生脱胎换骨

现实生活中，并不是每个人都过得激情盎然、风生水起。相反，有很多人对于人生总是感到枯燥乏味、无聊透顶，始终提不起兴致来。对于这样的人生倦怠者，一味地刺激或者激励根本不起作用，最重要的是要改变他们的内心，从而让他们心甘情愿地改变。

　　一个人要想改变自己，说起来很容易，因为我们人生的意识形态很大程度上取决于我们的心态，但做起来很难，因为只有真正热爱的，才能让我们真正兴奋起来，在人生路上激情燃烧。正如生活中有的人很喜欢狗，也有的人很喜欢猫一样。有的人不喜欢孤独，只喜欢热闹，但是有的人却对孤独甘之如饴。究其原因，发自内心的热爱，使他们对于生活充满了渴望和憧憬，也使他们能够鼓起勇气勇敢追随对于生活的梦想和热爱。前文我们曾经说过，一个人要想真正获得成功，就要在深思熟虑之后，马上把自己的想法变成现实。当然，这只是行动与成功之间的关系。实际上，行动和幸福之间并没有必然的联系。很多时候，我们为了迎合他人，博得他人的认可和赞赏，而毫无原则和底线地改变自己。结果，我们非但没有变成别人理想的样子，得到别人的夸赞，反而失去了最真实的自己，导致自己的人生变成了东施效颦、徒然惹人嘲笑而已。那么，既然改变只会导致事与愿违，我们还有必要做什么吗？很多时候，不仅仅我们是事情的主宰，外界的环境因素和他人的作用，也会决定事情的发展方向。所以，我们必须占据主动，目的是让自己满意，让自己更加欣赏自己,而并非为了迎合他人。

对于改变,很多朋友都有误解。对于普通的人生状况而言,换个妆容或者是改变为人处世的风格,的确能够给人不同的感觉。但是这些都只是表面上的改变,真正的改变应该发自内心。唯有发自内心的改变,才能使我们焕然一新。很多人在职场上为了得到上司的认可和欣赏,总是处处争着表现自己。殊不知,对于事业,我们还是应该把功利看得淡一些,而要从本质上认识到事业的重要性。人生也是如此,现代社会有很多人都怀着功利心,不愿意脚踏实地地付出,只想追求一蹴而就的成功。但这个世界上既没有天上掉馅饼的好事,也不会有一蹴而就的成功。我们唯有付出真心、耐心、恒心和毅力,才能苦尽甘来。

不可否认的是,很多时候我们无法认清楚自己的内心,这是因为我们的眼睛里只看到了客观外界呈现出的表象,而不愿意开动脑筋努力加工这一切,使其内化为我们与众不同的经验。这一切都在提醒我们,我们必须改变。

首先,我们要爱自己,因为一个人只有爱自己,才有可能热爱这个世界,热爱客观存在的一切。其次,我们要发自内心地快乐,让自己充满积极的正能量,从而把正能量传递给我们身边的人，彻底改变我们的气场和生存的环境。最后，我们还要学会感恩。人生之中经常会遭遇坎坷挫折，我们唯有保持内心的平静快乐，才能如愿以偿地拥有自己梦寐以求的人生。总而言之，面对人生，要想获得幸福快乐，我们要拥有能够成为快乐源泉的心灵。人生短暂，为了让人生没有遗憾，我们就要发自内心地改变，以行动珍惜我们宝贵的生命，彻底改变我们的人生。

人生真正的强者，就是要努力改变命运

大家都知道，每当黎明到来前夕，黑暗总是特别深沉，甚至达到了伸手不见五指的程度，使人误以为自己双目失明，彻底进入黑暗的世界。其实，越是黎明到来之前，黑暗越是纯粹。在这种情况下，我们与其被动地在黑暗中摸索，不如主动地迎接黑暗的到来。正如西方一位知名作家所说的，冬天来了，春天还会远吗？我们也要说，黑暗来了，光明还会远吗？也许正是因为有了黑暗的衬托，黎明才显得更加光亮。

人类对于大自然中的很多现象都心存敬畏。虽然我们每个人都想顺心如意地铺开生活的画卷，但是生活总是残酷的，命运也总是违背我们的意愿，使我们的生活多了几分遗憾。这个世界上有很多对比，诸如没有丑就无所谓美，没有苦就无所谓甜，没有黑暗也就无所谓光明。假如不是黑暗的铺垫和衬托，我们又如何会珍惜光明，渴望光明的到来呢！所以，很多时候，我们与其一味地强调某件事情，不如采取反衬的方法，让人们在强烈的对比中更加意识到前者的可贵。从这个角度而言，当遭遇最糟糕的情况时，我们也无须沮丧。只要我们坚持度过最难熬的时刻，就能够柳暗花明又一村，迎来人生的绽放。

现实生活中，总有人抱怨命运不公，他们似乎承受了所有的不幸，总是被命运翻来覆去地捉弄。为此，他们心灰意冷，疲于奔命，根本不知道什么才是自由和惬意的人生。难道就这样等着被命运打垮吗？当然不能。人生真正的强者，就是要努力改变命运。越是在命运的浪涛中不停地沉浮，就越是要坚持不懈。这样，我们才有可能冲破人生的藩篱，迎来人生自由的境界。

1940年6月23日，威尔玛·鲁道夫出生在一个工人家庭。她小时候命运多舛，不但得了肺炎，还得了小儿麻痹症。令人们惊讶的是，这个命运悲惨的小姑娘，长大之后居然参加了1960年在罗马举行的奥运会，而且在田径赛事上赢得了金牌——三枚金牌。毫无疑问，在走上奥运会之前的人生中，她吃足了苦头。

自从得了小儿麻痹症，直到11岁，她才能依靠铁架矫正鞋勉强走路。那时候，她在锻炼之后脱掉铁架鞋，开始跟随哥哥们一起打篮球。12岁，她彻底摆脱铁架鞋，逐渐显露出运动天赋。经过4年艰苦卓绝的锻炼，她在16岁那年初次参加在墨尔本举行的奥运会，在女子4×100米接力比赛中，为美国队赢得铜牌。后来，她在运动赛场上不断为国争光。因为她在运动赛场上身姿矫健，动作敏捷，所以意大利人称赞她为"黑羚羊"。此后一生，她为美国的田径事业贡献了自己的力量。

作为一个患有小儿麻痹症的孩子，威尔玛·鲁道夫做到了很多常人都没有做到的事情。也许她在运动方便的确具有天赋，但是她的顽强不屈，战胜困难的精神，更是值得我们每个人学习的。假如一定要说苦难有什么可取之处，那就是能够磨炼人的心智，使人毅力坚定，从而战胜人生中接踵而至的各种磨难。

虽然生活是艰难的,虽然人生很难如愿以偿,但是我们依然要坚持与命运抗争的精神,彻底改变我们的命运。朋友们,从现在开始,就让我们成为行动派吧,不管命运多么坎坷。也许恰恰是命运的磨难,才反衬出我们的勇敢和坚持。所以,不要再为遭遇不幸而抱怨,将其作为命运赐予我们的机会,让我们证明自己的实力、勇敢和魄力吧!

第6章
机动灵活，关键时刻要从容不迫、淡然应对

>>>>>>>>

我们都知道，任何一个取得成功的人，都付出了超乎常人的努力。除此之外，他们身上还有一个特质，那就是沉稳冷静。无论做什么事，他们都会做足准备、减少失误，然后埋头苦干，不屈服于任何困难，最终获得成功。这就是他们将事做好的秘诀。

年轻人做事要不慌不忙、按部就班

年轻人想要在关键时刻从容不迫、镇定自若，就要在平时注意培养自己做事有条不紊的习惯。只有习惯才能创造奇迹，只有做事有条理才能理清思路，然后用思路指导自己不慌不忙地做事。而关键时刻的临危不乱来自平时不慌不忙的积累。

如果你平时做事有条有理、不紧不慢、张弛有度，那么关键时刻只要把自己平时做事的习惯态度拿出来，就能够应付。如果你平时做事都是兴致所至，没有一定的规律，也没有一定的习惯，总是想到哪里做到哪里，甚至是一团混乱，那么关键时刻肯定也是慌慌张张，毫无秩序。

很多年轻人做不到这一点，不是不想不慌不忙地做事，而是根本不知如何做起。这就要求我们必须有按照计划行事的习惯。

首先，在职场上，或者在生活中，对于自己每天需要做的事，要心里有数，然后按照事情的轻重缓急、人的智力周

第 6 章
机动灵活，关键时刻要从容不迫、淡然应对

期安排一个好的日程表。

一个好的日程表不仅仅是在几点钟做什么事那么简单，它包括对事情重要性的衡量；对事情的复杂程序、可能花费的时间和精力有一个明确的了解；对每件事的前后关系有明确的认知。例如，A事处理不好，不妥帖，不干净利落，可能就会引起B事的无条理，甚至出现一件事情千头万绪，无法理清的情况。所以必须考虑一件事可能影响到的其他几件事，首先把这些处理好；对人在什么时候精力充沛，适合处理棘手的事情，什么时候思维比较混乱，应该做一些轻松的事或者无关紧要的事要有一定程度的了解；对一些简单的、有规律性的事要限定时间完成，并且尽量缩短时间；预留出一些时间处理可能发生的意外状况。

这才是一张完整的日程表应该有的面貌，这样的日程表就是一个整体计划，它是一环扣着一环的。任何环节的疏漏都可能引起不必要的麻烦，但任何麻烦都能够在意外环节的时间里得到处理。渐渐地，你会发现意外越来越少，即使出了意外，只要查找日程表就能明白在哪个环节出了问题，而不至于乱翻乱找，或者责任不清不明，或者"头痛医头，脚痛医脚"。有了这样一张日程表，就等于多了一个小秘书，你也能够随时明白自己的缺陷在哪里，哪里需要调整，哪里需要谨慎。

其次，严格按照计划做事。有了日程表不等于万事大吉了，好的计划还需要实际行动来支撑。如果你是一个不能按照计划做事的人，或者有好的计划但没有实际行动，那再完美的计划都会落空。事实上，按照计划做事还有一个好处，就是能够养成一个人"凡事三思而后行"的好习惯。在长时间的按照计划行事之后，你会下意识地把事情安排得井井有条，就算遇到再危急的情况，你也会经过一番仔细的策划之后再做事，这样就不会显得杂乱无章，也不会慌乱无措了。

最后，随时根据自己的进步，职务的不同，目标的不同，或者临时情况的变化，对自己的计划做出调整。随机应变才能够让事情显得更有条理，做得更顺利，如果只是按照计划做事，就和蠢牛木马没有什么区别。因为人和动物的区别就是人能够根据自己的思考、情况的变化做出最适合的调整。这样在遇到出乎意料的情况时才能够有足够的智慧应急。计划为的是积累做事的规律性，让自己不至于慌乱、无章法；而调整计划为的是训练自己根据实际情况做出最理智、最快的反应，以应付意外情况，避免措手不及。

总之，年轻人在平时做事情时，既要有条不紊又要灵活机动，这样在关键时刻，或者遇见重大的事时才能不慌不忙，随机应变。

思路明确清晰，才会有好的出路

每临大事要静气，是做成大事者的基本素质之一，越是做重大的决策，越是要心平气和、头脑冷静。周密地分析各种信息、判断局势才能做出认真负责、科学的决策。遇到大事之后，首先要做的不是想办法应对，而是整理自己的思路，有明确的思路和做每一步应有的准备，才能够有好的出路。

一个成熟的人想要做一件大事，肯定是用自己的思想来指导行动。也就是首先要对自己将要做的事做一番考核、观察、调查，看一看实施的可能性是多少，要冒多大的风险，有多大的市场，等等，然后再开始规划，行动。

这样的调查非常重要，因为它决定着是否应该开始执行这项决策，周围的客观环境是否允许这样的行动。在商业上来说，也就是自己能否适应市场的需求，是否有市场，是否能盈利。在调查之后，可能就决定了做某件事，执行某个决策，但在执行这个决策之前，一定要对事情做一番完整的规划。

也就是说，要整理好自己的思路，如想要达到什么目标？通过哪几步来完成？在每一个步骤中可能遇到怎样的阻力和风险？用什么措施来预防和解决？当一个方案执行不下去的时候，有备用的二套三套方案吗？

总之，做一件事情千头万绪，没有一个明确的思路，极可能绕进做事的迷魂阵当中，随时都在补漏洞，刚把前一个漏洞补好，这个漏洞又出来了，甚至做到一半，突然发现这个方案措施根本不可行。这不但浪费了精力时间，更会让人们感觉疲倦和缺乏自信，甚至陷入左支右绌、杂乱无章中，找不到出路。

俗话说"提纲挈领"，写文章有了基本的大纲，才能够写得顺利，才能够把握住重点。如果没有明确的纲目，只是"兴之所至，文之所至"，也就变成意识流小说了。做事情也是一样的，不能做到哪算哪，尤其是非常重大的事情，必须先有一个大概的思路，往哪个方向走，经过几个步骤，要在脑子里清晰地演示一遍，真正做事的时候才能有章可循，也会更顺利。

第6章
机动灵活,关键时刻要从容不迫、淡然应对

如果平时做事情就没有章法,没有明确的思路,那么,关键时刻到来的时候,我们也会因为准备不足、思路不够明晰、不够顺畅,而感觉事情没有头绪。处理一件事,首要做的就是理清自己的思路,然后跟随思路去想具体的办法。一件事千头万绪,我们必须找到一个正确的开端才能做好,必须在一个明确的思想指导下认清形势,才能有必胜的信念。人们必须看到明确的思路,才不会感到绝望,感到疲惫、厌倦。

当年在抗日战争陷入持久战,人们丝毫看不到光明的未来,看不到任何希望的时候,毛泽东写出了《星星之火可以燎原》指导中国人民进行了卓绝持久的抗战。不可想象,如果没有这个思想的指导,人们只是打一场战役算一场战役,会不会因为时间过长而生出绝望之心?答案几乎是肯定的,没有人能够在黑暗中坚持那么久,一个好的思路就是山洞口的一缕阳光,能够让人看到光明,看到出路。

任何一件事做久了,都会让人心生厌恶,感到没有出路。我们必须有一个明确的思路来指导,以便让自己清楚已经有了什么样的进步,到达了怎样的阶段,已经有了怎样的成就,再坚持多久,就可以大功告成。思路不仅可以用来指导出路,还可以用来缓解疲倦心理。

做足准备，不要指望"急中生智"

人们之所以能够在关键时刻临危不乱，想出好的处理方法，关键在于平时的智慧积累，在于事前的充足准备，这样才能够产生急智，自救于尴尬、困境。

有的人平时不怎么显眼，却总是能够在关键时刻发挥出让人惊叹的智慧，大放异彩；有的人则相反，平时一副才学满腹的样子，与人雄辩也是滔滔不绝，关键时刻却苍白了脸，无法应对突发状况，一副见不得世面的样子。这固然与一个人的性格素质有关，但也与事前的准备、长期的积累是分不开的，因为任何的急智都来自平时的积累。

三国曹植能够在七步内成诗，绝不是一时的心血来潮。再聪明机智的人，如果没有长期的作诗经验，没有应对大场面的智慧，恐怕也不能够在几步内成诗。曹植的才学智慧，普天下的人都知道、都认可，但是在七步内成诗还是不太可能，因此，这件事只有一个解释，曹植早就知道兄长对自己的妒忌之心，对他恨不能立刻除掉自己的心理早有戒备，对于他可能从这方面下手早就提防着，因此才能在短短的时间内吟成一首诗。这首劝告和讽刺兄长的诗，很可能不是一时兴起，而是长时间的筹谋；不仅仅是急智的结晶，更是长期准备的结果。

在处理任何事情时，人们都不可能因为一时的急智，而处理得非常完美。所谓的急中生智，其实是建立在长时间的处理某件事情、对某件事的所有环节一清二楚的基础上，建立在长期为某件事做准备的基础上。面对关键时刻，或者重大事件，任何的急智都不可能胜过充分的准备。

俗话说"台上一分钟，台下十年功"，就是这个意思，演员之所以能够在台上表现得那么精彩，与他们在台下苦练功夫是分不开的。为什么有人能够"不鸣则已一鸣惊人"？他不鸣的时候在干什么？可以肯定地说，他是在为自己"一鸣动九霄"做准备。古人常常说"十年磨一剑"，现代的年轻人也要有这样的意识，在做事之前有充分的准备，这种准备分为两种。

一种是对于学识，智慧，经验的积累；一种是针对关键事做的准备。

前一种就像是大考之前无数年的学习准备，"养兵千日，用在一时"，"养"字非常重要，如果没有几年、十几年的学习，我们根本不可能做到好的发挥。你能够凭几日的学习就实践应用吗？不可能。只有打下良好的基础，才能够在关键时刻发挥出惊人的才华。所谓"厚积薄发"就是这个意思，如果你积累的本来就少，就算你理解得再深刻，记忆得再牢固，也不免让人觉得浅薄。一个人让人觉得沉稳厚重，必定是他平日积累得多的缘故。

苏轼的父亲苏洵，年轻的时候颇有才智，但是为人轻浮、懒惰，虽有急智，但不能闻达于天下。26岁之后，苏洵渐渐地明白了事理，把之前所做的文章付之一炬，开始踏踏实实地积累，做文章，后来才成了天下闻名的文学家。他的两个儿子苏轼和苏辙也是靠着不断的努力、积累而闻名天下。天底下到处都有有小聪明的人，然而要成大器还是需要不断地积累。特别是遇到重大的事件，或者关键时刻，自己平日的积累就显得尤为重要。要知道只有知识、聪明积累到一定程度，才能成为智慧，才能由量变达到质变，这样才能在关键时刻急中生智。

后一种的意思是说，对关键时刻的来临要有充分的准备。例如，你想在一场竞选当中脱颖而出，就要对这次竞选的目的、人们对它的期盼有足够的了解，然后据此做出充分的准备，才能在竞选中有更出色的表现。像美国的总统大选，议员们无不花费了大量的精力、时间、金钱做准备才能在竞选中胜利。

想要在关键时刻表现得更好也一样，你要对这件事情有针对性的心理准备，更要有方案准备，才可能抓住这次机遇。在关键时刻，充分的准备胜过任何的急智和小聪明，只有明白这一点，人们才能够踏踏实实地做事情，为事情做准备，而不是处处寻找可能的机遇。

在关键时刻，有准备，才能冷静，才能沉住气，也才能从容自若地对待和处理事情。

处变不惊，使自己处于不败之地

才能是一个人抵达成功阶梯的必备因素，但满腹诗书总要有一个承载它的土壤和一个供它发挥的坚实后盾。这时，一个好的心理承受能力就凸显出来了。一个人若是没有坚强的内心，纵然有再多的才华也会被湮没在岁月的风尘中，还未来得及派上用场就匆匆煞尾，实在可惜。当然，历史上很多人物都是同时具备了才华和从容这两种基本因素，才使自己处于不败之地。

淝水之战中，前秦苻坚的军队号称有80万大军，浩浩荡荡地向东晋朝廷开过来。当时东晋朝野上下都害怕得不知如何是好，只有丞相谢安安之若素，从容不迫地派遣将领到前线去杀敌，自己就坐在椅子上下棋。前秦的队伍虽然壮大，但士兵多是些乌合之众，与东晋交战不久便溃不成军，望风而逃。胜利的消息传到京城，焦急万分的君臣们都长长舒了口气，唯有谢安连眼睛都没离开棋盘地说了一句："小辈们已经退敌了。"

我们不禁要赞叹，谢安不仅仅是个一身书香气息的饱学之士，更像一位政治家。他在突如其来的战争面前没有害怕得失去了方向，而是坐镇朝中，运筹帷幄以决胜于千里之外。最终的结局证明了他的价值，也证明了从容心态的重要性。

现在很多人的智商也许在古人之上，但是气度就远不及古人了。毛泽东在诗中说的"乱云飞渡仍从容"，强调的就是这种气度，这种经历了大风大浪之后沉淀下来的财富，如同"吹尽狂沙始到金"那般珍贵和难得。人们常说在最险要的地方才能看到最美的风景，悬崖固然令人惊心，但那也是观赏日出的最好去处，只要能压得住心中对于高处的恐慌，克服慌乱的情绪，抬起头时，迎接你的会是最美丽的风景。

我们很小的时候就学过完璧归赵的故事：

蔺相如只身深入号称"虎狼之国"的强秦，面对秦王的威逼利诱，始终坚持立场，最后终于保住了和氏璧，最重要的是捍卫了自己国家的尊严和领土的完整。令秦王这位对手都对他肃然起敬，从此不敢再小觑赵国。

蔺相如以一介文臣之身踏上敌国的领土，势单力薄地迎接着周围虎视眈眈的目光。这样的场景，换了一般人怕是早已吓得瘫软了，而蔺相如却举止优雅又不失气势地压住了对他怀有敌意的人们，凭着这样一副气度令从不服软的秦国败下阵来。

这样的场面不禁让人想到荆轲刺秦王里面的秦舞阳，这位12岁就杀恶人的少年在进了秦宫后突然脸色大变，几乎瘫倒在地；反而是有些书生气的荆轲谈笑自若，毫无惧色。可见，书生并不是百无一用的，怀揣着修齐治平理想的他们一旦坚守了自己的信仰，就会做出令世人惊叹的事情来。

试想一下，如果蔺相如把这样一股劲头换成了一副哭哭啼啼的软相，结局会是什么？在对手面前露怯是交际中的大忌，一旦露怯就会让人低看一眼，纵有三寸不烂之舌撑腰，恐怕也难挽败局了。至于荆轲，他虽然失败了，但整个过程还是令人敬佩的。最终的失败也只能说明他的剑术还不到家，或是秦王命不该绝。但这些都已经不重要了，历经了几千年历史的漂洗，传承下来的是他们的风骨和从容。也正因如此，现代人记住了他们。

　　年轻人也应当注重这种素质的培养，这种好的心态不是与生俱来的，而是在后天千磨万击的挫折中磨砺出来的。每当大事当头，首先要做的就是静下心来，思考对策，切勿惊慌失措，那样无异于自乱阵脚，最终的结果一定是不想看到的；其次就是身处困难之中时，也要不断地鼓励自己，给自己希望，一个看不到任何希望的人是痛苦的，假如连期盼希望的想法都失去了，这个人就彻底颓废了；最后，当然是要积蓄力量，争取给困难致命一击，令它溃不成军，这时候才能显出自己的英雄本色来。与此同时，人的心胸和气度也会在不知不觉中升华不少，逐渐养成一种王者之风。

第7章
目光长远，年轻人实力不佳时要沉住气

>>>>>>>>

我们都知道，这是一个靠实力说话的时代，有了实力，你才会被重视；有了实力，你才会有成功的资本，而实力的获得就是来自积累和学习，正所谓：活到老学到老，学习才能获得进步。生活中的年轻人，当你实力不佳、无法与人正面竞争时，不妨静下心来，努力学习，积累知识和成功的资本，这样你才会认识到体内所蕴藏的巨大能力，才能最终实现自己的理想。

年轻人切忌目光短浅

人活于世,无非是想过好一点的生活,看看世间的美好,体会人间的真情。年轻人从学校走出来,在社会上打拼、竞争,也想要取得更大的成绩,获得更多的利益。不同的人为了利益都会用尽手段,有些人机关算尽,只为了些许眼前利益,最终却以失败收场;有些人目光长远,不为眼前小利所迷惑,成就了自己辉煌的人生。年轻人,在你还没有完全选定自己人生之路的时候,是不是应该及时反省一下,你到底要走哪一条路呢?

古人说"酒香不怕巷子深",为什么古人敢于说出这样的话,而现代人却说"酒香也怕巷子深"?根本原因还是现代人缺少了古代人的耐心。大家都知道,好酒是需要时间酿制的,越是陈年的酒味道越好,所谓"陈年佳酿"正是如此。要酿造出如此香的美酒肯定不是一朝一夕的功夫,不经一番寒彻骨,哪来梅花扑鼻香,没有漫长的等待和长久的忍耐,怎能取得丰硕的成果?所以说好东西还是需要时间的积累和岁月的沉淀的。

忍耐力不是天生就有的,年轻人可以在工作生活中有意识地培养自己的耐心和克服困难的能力,做事要有规划,养成良好的习惯,让强大的忍耐力和长远的目光成为走向成功的催化剂!

忍一时风平浪静,在忍耐中等待机会

每个年轻人都懂得"成功需要忍耐,机会需要等待"的道理,然而放到自己身上,真正实施起来,却不是那般顺利。困难太多,阻碍太多,真正能够忍耐一时痛苦的人,到最后一定能够享受到丰硕而甜美的果实。但忍耐也需要智慧,一味的忍耐而不去做任何改变现状的努力,那是懦弱的表现。明智的人会让自己的每个行动都变得有价值起来。

年轻人要记住:忍耐是成功的一大因素,只有在门上敲得够响够久,够大声,才能吸引成功的关注。少做多得、少劳多获是每个人都想采取的行动策略。在聪明人看来,一点点的行动就能换来巨大的收益,前期的努力能换来长久的安逸和享受，这是再好不过的投资。有付出才有回报的箴言不管在任何时代都不会褪色，不管是以巧取胜还好以力求成，不管是脑力劳动者还是体力劳动者，每个人收获的回报，都需要在付出的过程中加入忍耐的力量。

正所谓：鱼和熊掌不可能兼得。年轻人做事想要长久的省力就需要良久的忍耐，想要不再受苦就要在那之前吃更多的苦。把目光放长远一些，多一些忍耐，就一定可以看到成功的到来。

前人告诉我们，忍耐不是忍受，忍耐是为了让生活过得更好而做出的权宜之策，忍耐是为了在积聚够能量之后，在某个时间能够跳跃，成为跃过龙门之后的鲤鱼。年轻人，把你的智慧融入生活中的每件事，同样是付出和忍耐，让忍耐更加有意义和价值，得到更多的回报和收益，让你的生活因为忍耐而有质的突破，因为忍耐而达到一生的成就！

运筹于帷幄之中，决胜于千里之外

每个年轻人在社会上打拼时，都希望可以达到自己的目标，建立自己的王国。但成功不是你想拥有就能够拥有的，但凡成就非凡的人，都是善于谋划、精于策略，能够出奇制胜的人。作为新时代的年轻人，想要转败为胜、以弱胜强、以少胜多，还需要向这些成功者和先人学习运筹帷幄的本领。

中国古代兵法说，"上兵伐谋，其次伐交，其次伐兵，其下攻城，又讲不战而屈人之兵"，表明了谋略才是化解矛盾的大智慧。

年轻人要成就一番事业，首先要从保证自己的生活开始，从小处入手，着眼于一生。人生要有谋划，没有谋划的人生不清晰，没有愿景，也没有为之奋斗的乐趣；事业要有谋划，没有谋划的事业不会取得成功，事业的成就是人生每个时期的阶段性目标的总和，没有谋划，做一天和尚撞一天钟，这样的人终究做不成大事；学习要有谋划，学习不是为了拿到所谓的文凭，而是为了提高自己的素质和能力。学习是一辈子的事情，活到老学到老，但不能盲目，要有谋划，学以致用才是学者的根本。

年轻人要顺利地度过一生，就要从生命的长度去考虑，为整个人生做谋划。谋略是人生的大智慧，是谋划事业，是积极地改善自我,是做好一切准备迎接成功的到来。这就好比打篮球,篮筐是成功的目标,而准备就是起跳投篮的过程,目标明确了,关键就看你起跳投篮是不是完成得优美了。机遇偏爱那些有准备的头脑。机遇是谋略之中可预料的某种境遇,只有事先对机遇有充分的预测和准备,才可能收获机遇带来的惊喜。

每个年轻人都想成功,而真正能够成功的,只有那些懂得耐心等待、懂得运筹帷幄的人。凡事预则立,不预则废。"预"就是做事前要有谋略,做好准备,考虑周全。做事情讲谋略的人就不会陷入纷扰的境地,遇到紧急的情况也会沉着自定。所谓"山人自有妙计",年轻人要做好一切准备,把事情可能出现的各种情况以及应对之策了然于胸,静观其变,便可稳操胜券。

甘于忍耐,在忍耐中等待机遇

对于年轻人来说,生活就如一场马拉松比赛,路程很长,终点很远,这一路之上所要面对的挑战、阻碍是不可预料的。在体力、精神的双重压力下，你是否能够忍耐住，坚持下来，不在关键的时刻被击垮，不在最后一刻前功尽弃，决定着你的未来是否会成功。

对于饱经沧桑的人来说，忍耐是生存的技能，是成大事不可缺少的因素。我们要生存，就必须学会忍耐，在忍耐中蓄积力量，在忍耐中磨炼锐气，在忍耐中寻觅机会。而对于年轻人来说，如何在忍耐中寻找机会，如何在夹缝中求生存，如何让自己在困境中、在必须忍耐的时候继续完善自己，以待成功机会的来临，这些都是一个初入社会的年轻人所应该了解的。

对于实力较弱的年轻人来说，暂时的忍耐是一种明智的选择。我们常说"小不忍则乱大谋"，处于这种境地，意味着你必须在忍耐中寻找机会。年轻人要学会看淡忍耐之时的痛苦，希冀成功后的喜悦。要相信，人生没有过不去的坎，遇到不顺利的事情，疑惑欺辱，如果无法改变现状，我们就需要暂时忍耐，等待时机成熟之时的突破。

调整自我，适时后退一步

俗话说得好：忍一时风平浪静，退一步海阔天空。很多年轻人，从有了思想的时候，便开始拥有自己的梦想，而年轻人的一生，也将是实现抱负的一生。人生成败得失，七分在于努力，三分在于命运。虽然我们力求一路顺风地驶向人生的终点，但人生之路不会一马平川，坎坷和曲折在所难免，谁都不能逃脱。年轻人要成就自己的人生，只能按照人生的脚步随时调整自己的速度，即便是走到了路的尽头，以为再也无路可走时，你还可以选择后退几步，然后转个弯，这何尝不是一种人生智慧呢？

朱棣是明太祖朱元璋众多儿子中的一个。起初他并不起眼，在众多的皇子中也不受宠爱。按照明朝的正统习惯，太子是继承皇位的第一人选，但因太子朱标已死，朱元璋死后，皇太孙即位，是为建文帝。

当时的朱棣身为藩王，他和其他兄弟一起被分封各地，拥有重兵，暗藏谋反之心。建文帝察觉自己的皇权受到严重威胁，便开始削藩，以各种名义杀死了很多亲王。

朱棣发现建文帝的心思后，并没有立即谋反，也没有联合其他藩王采取什么过激的行为反抗。他深知,自己的实力尚且单薄,成大事的时机尚未成熟。忍一忍,是最明智的选择。

于是,他暗地里操练兵马。但此消息不久便传到朝廷,建文帝要缉拿朱棣。朱棣知道此时与建文帝对攻,仍没有丝毫取胜的把握。所以,他开始装疯,在街上大喊大叫。建文帝得知,派谢贵等人查看虚实。当时正值盛夏时节,烈日炎炎,酷热难耐,谢贵等人见朱棣坐在火炉旁,身穿羊皮袄,还冻得瑟瑟发抖,连声呼冷。与他交谈时,更是满口胡言,让人不知所云。谢贵把情况告诉了建文帝,建文帝放弃了对付朱棣的想法。然而,朱棣靠装疯赢得了时间,最终发动了叛乱,打败了建文帝,登上了皇位。

朱棣靠装疯卖傻在混乱的时局中保住了自己的性命,并在不久之后顺利登上了皇位。这种忍耐和智慧不禁让人赞叹。任何成大事的人都不会只看到眼前的利益,逞一时的英雄算不得什么,可贵的是在夹缝中依然坚强地生存。忍耐是人得以保全的法宝,是穿梭在夹缝中的利器。饱受忍耐历练的人,会将所有的磨难、困苦变成自己一飞冲天的资本。

年轻人在社会上打拼,切不可急切冒进,一味猛冲,却不懂窥探时局,适当隐忍。当然,遇难就退,也是万万行不通的。古人讲，逆水行舟，不进则退。奋斗是年轻人生命中最重要的主题，如果一味地退，你就只能站在原点，像懦夫一样在别人成功的欢笑声中碌碌无为。

忍耐不是懦弱的表现，而是以韬光养晦的姿态保全自己，伺机而动；忍耐不是无所作为，而是为了有所作为而积蓄力量。那些受不了逆境的折磨，在夹缝中无法安身的人，在一味气馁一退再退之后，人生的境界并未开阔，只会无有所成。

朱棣这种当退则退的智慧是每一个年轻人都应该学习的。年轻人要想牢牢把握自己的命运，在人生剧烈的起伏来临时，不妨先退后一步，让过动荡的风尖浪口，这也正是"留得青山在，不怕没柴烧"。当进则进，当退则退，知进知退，才是做人处世的大境界、大智慧，也是保全自我，以便东山再起、卷土重来的大智慧。

第8章
坚定自我，坚持真理，走自己的"小路"

>>>>>>>>

现今社会，我们都强调创造力。创造力是指产生新思想，发现和创造新事物的能力。生活中的年轻人，都是未来社会的主人，只有具有锐意变革的精神，才能始终使自己处于竞争中的有利地位，而创造能否最终获得成功，能不能相信自己很重要。有自信，相信自己正确，那么，你就敢走自己的路，就能不怕失误、不怕失败，在大多数情况下，不敢自信走"小路"的人，通常也难成为创新型人才。

彻底拔掉你心底平庸的劣根

对于自己的人生，巴菲特有明确的规划。虽然巴菲特骨子里有一种人人平等的观念，但对于那些平庸之人，他是有些不屑一顾的。所以，他也不愿意看到自己的儿女碌碌无为，平庸一生。

说来奇怪，巴菲特的三个子女虽然都考上了大学，但都没有毕业。对他们而言，考大学就像是一项任务，完成了即可。巴菲特告诉三个子女，如果他们把自己摆在平庸者的位置，那他们的一生肯定不会有所作为，而对于那些没有人生理想、没有目标的人，他是鄙视的。

人生一世，草木一春，在历史的长河中不过是弹指一瞬。在这极短的岁月中，有多少人平淡地耗费了易逝的时光，庸碌地虚度着所谓的年华，在无知中降临这世界，又在叹息中离开这世界？疾病、痛苦、磨难，这些并不可怕，最可怕的是白白在世间平庸地走了一遭。

对于平庸之人来说，当其他人有一些奇思妙想的时候，他们的第一反应就是此人异想天开，但如果没有这些异想天开的想法，世界上哪来的飞机、火箭，人类又怎能登上月球？

处在生命中最美好季节的年轻人，你是希望自己能翱翔天空，还是在鸡窝里与鸡同舞？你是希望自己受人敬仰，还是遭人唾弃？你是希望成为家人的依靠，还是就此成为家人的负担？只要你不甘于平庸，人生就可以过得很精彩。只可惜，有些人明明可以像金子一样发光发热，却选择和石头一样，顽固地在地下过着永无天日的生活。

有些年轻人，内心燃烧着一把理想的火，他也有满腔的报复和震撼人心的凌云壮志，还有许许多多关于理想的计划和设想，可在起初被撞得头破血流之后，胸膛的烈火被浇灭了，从此将自己紧紧封死在心牢之中，甘心在平庸之中了此残生。

还有些年轻人，夸夸其谈、口若悬河地向全世界发出豪言壮语，可实际上却是"语言的巨人，行动的矮子"，不敢真真正正在现实世界中走一遭。那些关于在社会中被撞得头破血流的故事，熄灭了他们的希望之火，令他们望而却步，不敢踏入社会的泥沼。

平庸之人，总是为自己的平庸找借口，可无论借口多么的堂而皇之，也比不上事实有说服力。真正敢于打破平庸的人，不在乎前面的路有多少艰难坎坷，不在乎自己在这条路上流多少鲜血，他们只知道，为了打造自己灿烂耀眼的人生轨迹，可以抛头颅，洒热血，不顾一切冲向终点。

平庸与精彩，是完全不同的生活，截然相反的人生。我们都是赤裸裸而来，没有谁天生富有，也没有谁天生贫穷，人生的归宿，完全是你自己选择的方向。选择不同，结果不同，人生也各不相同。

有人说，不需要远，不需要高，只要会飞就是鸟；有人说，不需要快，不需要深，只要能游就是鱼。可是，如若为鸟，何不做一只搏击长空的苍鹰？如若为鱼，何不做一条遨游深海的猛鲨？人生短短数十载，你是要在平庸中窒息而死，还是在烟花璀璨中愉快地笑？想要实现理想，为自己谱下轰轰烈烈的不朽诗篇，那就彻底拔掉你心底平庸的劣根，坚定地告诉自己：绝不平庸。

做自己想做的事，才会真的获得快乐

一次，巴菲特被邀请到纽约哥伦比亚大学给学生做演讲，当被问到成功的秘诀时，他大笑起来说，自己与在座的学生相比，并没有什么不同之处，如果一定要说有的话，那就是他每天都在做自己喜爱的工作。

对巴菲特而言，投资并不仅仅是工作，更是一种乐趣，只是他的乐趣恰巧能赚很多的钱而已。在他看来，赚钱并不是人生的终极目的，做自己喜欢做的事，才是他毕生的追求。

我们很难想象，身为"股神"巴菲特的长子，霍华德竟然是一位农民。霍华德对农业的兴趣，源于他在非洲的一次经历。有一次，霍华德到非洲出差，正当他准备拍摄途中的斑马和羚羊的时候，突然看到贫穷的农民放火清理土地，并在地上留下一片烧焦的痕迹。之后，霍华德领悟到，要保护非洲的生态环境，就得先解决广大人民的粮食问题。从此，他知道自己该做什么了。

对于霍华德的选择，巴菲特不仅没有反对，还相当支持，因为在巴菲特看来，喜欢的就是最好的，能够从事自己喜欢的职业，那就是一种幸福。为了表示对儿子的支持，巴菲特特意为他买了一座农场。

世间大多数人，每天都在忙忙碌碌地做着自己不愿意做的事，过着自己不情愿过的生活，他们要为家庭奔波，为工作拼搏，有时还要说些违心的话，办些违心的事。也许，向生活妥协之后，他们变得富有，可是不能做自己想做的事，他们的人生真的快乐吗？

人赤条条地来到这个世界，最后也要赤条条地离开，曾经生活过的，追求过的，创造过的，都无法跟随自己到另一个世界。人唯一能做的，就是在当时当刻，以最真、最快乐的心情，做自己喜欢做的事，享受当时的每一分每一秒。

日本著名的漫画家手冢治虫，从小就对漫画有浓厚的兴趣，5岁起就开始画漫画。每当母亲拿到父亲的收入时，总是先给他书本费，其中就包括了买漫画书的钱。渐渐地，家中的漫画越来越多，达到了两百多册，并占据了他房间的大部分空间。

五年级的时候，手冢画了一册漫画给同学们传看，被老师没收了。后来，老师又将漫画还给了心惊胆战的手冢，并告诉他："喜欢画什么就画吧，你画得不错。"

手冢拥有医学博士的学位，但他对医学并不感兴趣，也不想从事这方面的工作。他将自己的苦恼告诉了母亲，母亲告诉他："做漫画家吧，因为那是你的兴趣所在。"

果然，从事了自己喜欢的工作之后，手冢不再苦恼了，工作起来也很有干劲。他一生所创作的漫画作品多达15万页，甚至还曾同时执笔13部漫画作品连载，每天的睡眠不足4个小时。巨大的工作量，不仅没有让他感到疲惫，反而让他越来越有精神。因为，做自己想做的事，无时无刻不是快乐的。

纵观古今中外，许多有成就的人，大多从事的是自己喜欢的工作。例如，郎朗开心地弹着自己喜欢的钢琴，成功地在国际乐坛上掀起了一股"郎朗旋风"；爱迪生在自己钟爱的科学国度里驰骋，发明了震撼世界的电灯；巴尔扎克在自己饶有兴趣的文学领域笔耕不辍，最终成了一代文学巨匠。

人只要活着，就要做事，人生的过程可以说就是一个做事的过程。但做事与做事不一样，有些事是你喜欢做的，有些事是你不喜欢做的。喜欢做的事，你做起来会很主动、很卖力，不喜欢做的事，你做起来就缺乏激情，总感觉那是一种心理负担。不过，也正是因为这样的区别，才把幸福和不幸区分开来。

有的年轻人说："人生有太多的身不由己，很多事是你无法改变的，我们只能学着去适应。"的确，人生有很多的无可奈何，不是你想改变就能改变的；可人生还有很多事，是你明明可以改变，却不曾尝试着去做的。如果生活只是你糊口的工具，那从事自己喜欢的职业，你就没办法生活下去了吗？

智者说："人生好似一个布袋，等扎上口的时候才发现，里面装的都是遗憾，还有许多没来得及做的事。"不能做自己想做的事，这样压抑的人生，处处都是流血的伤口，而治疗的办法，就是诚实面对心中所想，随着自己的心走，做自己喜欢做的事。

不过，做自己喜欢做的事，是需要坚持和韧劲的。也许你会遭到父母的反对，也许你要忍受周围的闲言碎语，也许你不得不面临失败的危险。如果这些你无法坚强面对，那你就只能成为生活的弱者，成为他人思想的附属品，永远受制于人。想象两种不同的人生，如果你坚信自己可以做到，不妨勇敢一次，努力追求自己的真正所需。

人生几十年，是何其的短暂？年轻时一定要为自己活着，不要总是被别人所左右。怎样的人生才是最好的，只有你心里清楚，他人的意见，未必是你心底最渴望的声音。做自己想做的事，走在生命的路上，你会看到更多美丽的风景，庆幸自己没有白来世间一次。

坚持自我，坚守信念

你是谁？从哪里来，又要到哪里去？人真实地在这个世界上生活着，有时却感觉一切都是假的。这个世界纷繁复杂，在真真假假、假假真真当中，一切都恍如隔世，甚至我们自己都不清楚自己是谁了。

在世事变幻当中，我们开始坚守对财富的痴迷，坚守对权力的欲望，却忘了坚守最真实的自己。有人说："生活很悲哀，因为这个世界上有太多的无奈，明明想哭，却还要强颜欢笑。"曾几何时，我们想要坚守的东西，已经被时间、诱惑、世事所淹没。也许，人一生最难坚守的，就是自己。

只要改变，就真的能够收获幸福吗？像官吏忍受不住糖衣炮弹的攻击，放弃了原本的正直和廉洁，等待他们是牢笼里的永无天日；商人禁不住巨额利润的诱惑，放弃了诚信和信誉，短暂的辉煌之后，开始夜夜失眠，备受良心的谴责。所以，有些改变，可以让你的人格日臻完美，但有些改变，只会把你逼上一条不归路。

年轻人在判断一件事情的时候，可能会有一些长辈或权威人士进行指导，他们的观点，也许与你最初的看法相悖，这时候，盲目相信他人只会迷失自己。事物光鲜的表面，也许只是一种迷惑；周围一片的反对声，也许只是对你的考验，我们要相信自己的判断，坚持自己的想法，这样才更有可能取得成功。

当然，"金无足赤，人无完人"，我们每个人都是不完美的，都有这样或那样的缺点，这时候，一成不变不再是一种美德，而是一种偏执。我们所谓的坚持，是真善美的坚持，是原则的坚持，是真理的坚持。只要你认为是对的事情，就要不顾一切地坚守，就算最后被证明是错的，你也能从中吸取教训，不断地成长。

坚持自己的年轻人，往往是不被理解的，甚至还会遭受嘲笑、讽刺和唾弃，可是，这样的生活，却是最踏实可靠的。不必承受良心的谴责，不必用新的谎言圆旧的谎言，在最初的善良和纯真面前，你还是原来的你，你的人生还是有阳光照射的璀璨人生。在坚守自己的过程中，即使有磨难、痛苦、清贫，你也能够坦然面对亲人、朋友，也能够心安理得地享受现在所拥有的一切。

坚持自己的年轻人，有一种勇往直前的魄力，有一种顽强的精神，他们不会为凡尘俗世所干扰，不会任他人控制人生的航向。对于梦想，他们会义无反顾地追寻；对于原则，他们会雷打不动地坚守……这样的人像太阳，照到哪里，哪里就一片光亮。

坚持自己，是一种淡定，是一种修养，更是一种自信。在这个灯红酒绿的世界里，唯有坚持自己，你才能看清前进的方向，才能拥有真正的成功，才有顺利到达幸福的彼岸。盲目地改变千万次之后，你就不再是当初的你，灵魂也不再属于你自己，你就像一根浮萍，在水面飘飘荡荡，永远靠不了岸。

想哭就哭，想笑就笑，想工作就工作，想休息就休息，不必隐藏自己的不悦，也不必费尽心机包装自己。让所有的虚伪都离你而去，让所有的动摇都畏惧你的坚定。坚持自己，你才能感觉自己真的在这个世界上存在过，才能找到自己曾经用力活过的痕迹；坚持自己，你才会快乐、幸福。

敢于质疑，不要盲目相信权威

通常情况下，一个人要有一定的造诣，才能成为某方面的专家。对于踏入某个行业的初学者，专家的指点犹如金科玉律，可以让你少走很多弯路。敬重专家权威，就是敬重知识，敬重能力，是谦虚好学的表现，可是，如果自己对权威的追逐超出了应有的限度，甚至到了盲目的地步，那就不是明智，而是愚蠢了。

"智者千虑，必有一失""好车把式也有翻车的时候"，即使是专家权威，也不可能做到样样精、时时明。更何况，在现在这个纷繁复杂的世界，到处都是真真假假、假假真真，专家这个头衔的含金量也开始大打折扣，那些所谓的权威其实并没有我们想象的那般厉害。盲目相信这些人只会扰乱自己的判断，让自己误入歧途。

俄国音乐家柴可夫斯基于1874年12月写完了《第一钢琴协奏曲》之后，最先是在当时的俄国钢琴大师鲁宾斯坦面前弹奏，鲁宾斯坦当场将这部乐曲批评得一无是处、一钱不值，连"令人作呕"这样的话也用上了，这令柴可夫斯基非常难受与难堪。鲁宾斯坦最后说，必须彻底修改才有可能公开演奏。

柴可夫斯基很不服气，他对自己这部作品充满信心，大声对鲁宾斯坦喊道："我一个音符也不会修改，我要照现在的样子原封不动地拿去出版。"

《第一钢琴协奏曲》没能在俄国公演，却最先在美国的波士顿公演，而且获得了巨大的成功。3年后，《第一钢琴协奏曲》成了世界名曲。

后来，鲁宾斯坦承认了自己的错误，并且在自己的音乐会上亲自演奏这部惊世之作。

如果当初柴可夫斯基对自己的作品没有信心，迷信权威，也许就没有这部名曲的传世了。对于一件事物，"仁者见仁，智者见智"，不一定权威人士赞赏的东西，全世界都会赞赏，也不一定权威人士否定的东西，全世界都会否定。如果权威人士说的都是至理名言的话，那每个人都不必有自己的思想和见解，只要跟着权威人士的脚步，就可以成为第二个比尔·盖茨，第二个罗斯福，第二个威尔·史密斯。这样的话，比尔·盖茨、罗斯福、威尔·史密斯就不会成为人们争相崇拜、模仿的对象了，这个世界也就不会再有进步和创新了。

权威者的一句肯定，可以使一个人眼前狭窄的道路变得无限宽广；权威者的一句否定，也可以使成功的大门在一个人的眼前紧紧关闭。可是，无论处于何种境地，我们都应该坚持自我，坚持自己的初衷，坚决走自己该走的道路。或许，在很长的一段路上你是孤独的，是痛苦的，是不被肯定的，可如果你是正确的，真理就会站在你的身边，向全世界宣布你的执着和与众不同。

古往今来，大多数有成就之人，都不会盲目相信权威的观点，而是对权威的观点大胆质疑，小心求证，并不顾世俗的眼光，勇敢地向全世界表达自己的看法和观点。那些盲目相信权威，对权威的话不假思索就完全相信的人，往往缺乏独立的思想。这样的人做起事来非但不会成功，还会时时伴着挫折和失败。

世上没有绝对正确的人，过去没有，现在没有，将来也不会有。对于专家权威，年轻人应持的态度是：不被他们头上的光环所迷惑，像看待常人那样清醒、客观、现实地看待他们。只有这样，我们才会对他们的理论有正确的认识，也才会从他们那里得到正确的指教，获得有益的指示。

睁大你的双眼，开动你的脑筋

一家专营鞋子的公司派两名业务员到非洲去开拓市场，经实地考察，一名业务员认为当地人有赤脚的习惯，很难开拓鞋业市场，于是，他悻悻地回到了总公司。而另一名业务员看到当地人赤脚走路之后，立即向总公司报告那里商机无限，要留下来开发这片鞋子生意的处女地。多年之后，回到总公司的那名业务员依旧在默默无闻地做着自己的业务，而那位留在非洲的业务员却因为业绩突出被破格提拔为区域经理。

生活中从来都不缺少美，也不缺少商机，只是缺少善于发现的眼睛。当年轻的你怨天尤人、感叹命运不公的时候，是否可以扪心自问，为什么同样的时间，同样的地点，同样的境况，别人成功了，你却失败了？不是别人有贵人相助，而是因为你虽有一双明亮的眼睛，却从不曾真正发挥它的功能,不能透过现象看到本质,也不能发现其中的与众不同之处。

据说,很久很久以前,鹦鹉根本就没有家,每当下雨的时候,它只能躲在大树下面避雨,祈求大雨快点停止。

一天,麻雀来找鹦鹉,兴高采烈地说:"告诉你一个天大的好消息,凤凰老师教我学做窝啦!这不,已经建成了。我的窝可好了,你快去看看吧!"

麻雀家在屋檐下,是一个小小的墙洞,里面铺着柔和的稻草,睡在里面可舒服了。鹦鹉感慨地说道:"我也好想有一个属于自己的家,可是我笨手笨脚的,根本就做不了窝。"麻雀鼓励它说:"虽然你不会做,但只要你努力寻找,善于发现,就一定能找到一个舒适的窝!"

鹦鹉答应,飞呀飞,飞过高高的山,密密的林,日夜兼程,来到了一座城堡的上空,这里群山环抱,野花遍地,流水潺潺,风景如画。"要能在这里安家该多好啊!"它期待地想。于是鹦鹉仔细地绕着城堡检查起来。城堡很古老,墙漆已经剥落了,粗糙不平的堡身看上去更像一棵树。

"哎呀,太好了!这里有一个洞!"鹦鹉道。这个洞是往里凹的,像一个葫芦,葫芦口只能容下一只鸟,但肚子却很大。葫芦底儿是封死的，鹦鹉想到了山上人们住的窑洞，灵机一动，来了主意，它先叼来一些湿湿的泥土，抹在墙壁周围，再铺上一层柔软的干草，就大功告成啦！鹦鹉高兴地又蹦又跳。

有了自己的家之后，鹦鹉很高兴地邀请其他的鸟儿到自己家参观。其他的鸟看到鹦鹉的家后都羡慕不已，纷纷问它："你是怎么发现这么好的地方的？"

"眼睛呀！我有一双善于发现的眼睛呀！"鹦鹉得意地说道。

如果没有一双善于发现的眼睛，牛顿就不会从一个苹果的启示中发现万有引力，道尔顿也不会从一双袜子的颜色中知道色盲症的存在。人与人之间的区别，不是智商的高低，也不是机遇的青睐与否，而是能否在平凡中发现不平凡，能否在垃圾堆里发现别人丢弃的金子。

拥有一双善于发现的眼睛，是知识、阅历等日积月累的结果，它不是与生俱来的，但也不是不可练就的。只要年轻的你有一颗热爱生活的心，有丰富的知识沉淀，能在经验的洗礼中分辨出真假对错，就可以紧紧抓住迎面而来的机会，进而登上成功的巅峰，在人生的辉煌顶点上傲视脚下的一切。

睁大你的双眼，开动你的脑筋，你会发现，黑暗中隐藏着光明，绝望中孕育着希望；平日对你严厉苛刻的人也许正是最关心你的人，无人理睬的丑小鸭也许就是最美丽的白天鹅。不要被表象蒙蔽了双眼，不要认为生活已经平淡得再也没有任何可开发的余地，再普通的人，再平凡的事物，都有他的可贵之处，都在静静等待着你的发现。

年轻人行事要勇敢果断，才能把握时机

1991年8月16日，由于所罗门几位高级执行官在一场债券交易中违反了有关规定，所罗门陷入了前所未有的信誉危机。在所罗门所有员工都感到恐慌之际，巴菲特临危受命，担任所罗门临时董事长一职，并果断采取了一系列措施，使所罗门公司摆脱了困境。

首先，巴菲特提名了一位新的首席运营官，在丑闻发生的两天之后召开了临时董事会，并在同一天主持了新闻发布会。接着，巴菲特接受了引发这次危机的几位高级执行官的辞呈，其中包括曾被称为"华尔街之王"的总裁约翰·格

特弗伦德、总经理托马斯·施特劳斯、副总裁约翰·梅里韦瑟。然后，巴菲特说服美国财政部长尼古拉斯·布雷迪撤销了所罗门公司从事政府债券交易的禁令，并亲自前往华盛顿，会见证券监管部门的领导。

为了渡过这一难关，保持公司竞争力，巴菲特还出售了所罗门公司持有的价值400亿美元的证券来筹措营运资金。

在巴菲特的努力之下，价格下跌约1/3的所罗门股票终于得以止跌回稳，而他的一系列果断措施也受到了外界的高度赞扬。

一个孩子在山里割草，被毒蛇咬伤了脚，但医院却在远处的小镇上。看着被毒蛇咬过的脚趾，孩子毫不迟疑地用镰刀切断它，然后，忍着巨痛艰难地走到了医院。虽然失去了脚趾，但这个孩子却因此保住了性命。

在希腊的神庙中，有神留下的一团麻绳连环套，有人预言：谁能解开这团麻绳，谁就能驯服亚洲。几百年过去了，没有人能成功解开这团麻绳。后来，亚历山大率军来到这团麻绳前，不加斟酌，便拔剑砍断了绳结。后来，他果然一举占据了比希腊领土大50倍的波斯帝国。

果断，是一种性格，它会让你身边的人体验到雷厉风行的快感；果断，是一种意境，只有果敢行事、当机立断的人，才会让人钦佩、羡慕、信赖，并获得安全感。自古以来，成大事者，必是果断决策、果断行事的人，那些在机遇面前犹犹豫豫、优柔寡断的人，只会让事态慢慢恶化，让平庸永远印刻在自己身上。

你的犹豫，可能是对别人的一种伤害。要知道，他人的性命、前途、得失，可能都在你的一念之间，稍有犹豫，破坏分子就会趁虚而入，做出令你后悔莫及的事情。犹豫，其实是一种惰性，这种惰性会侵蚀你的灵魂，让你原本鲜红的灵魂变得暗淡无光。

回想过往，从小到大，我们有很多的愿望，可时至今日，真正实现的，却只有很少的几个。为什么会这样呢？因为我们遇事不够果断，总是思前想后，犹豫不决，在我们还没有想清楚的时候，又有新的事情发生了，而你原先的想法，只能就此耽搁下去。长此以往，你不能实现的愿望越积越多，多得连你自己都数不清了。在夜深人静的时候，你不断地问自己：如果当初没有犹豫，还会有现在这么多的遗憾吗？

现代社会，万物都是瞬息万变，机会的到来，也只是一瞬间的事情，稍有犹豫，它就会消失。果断的人，可以抓住机遇，使人生减少许多痛苦和磨难；而犹豫不决的人，只能看着别人带着机会一路好走，自己却在后面艰难爬行。这是一个需要果断的时代，果断才能出强人，果断才能出英雄。

有些年轻人犹豫，与机会失之交臂；有些年轻人果断，总能把握先机。但也有这样的情况：不假思索地登船，走了一程才发现方向不对；将院子里的杂草清除，最后却发现里面有名贵的牡丹。果断不是盲目的冲动，不是不经大脑的愚蠢。真正的果断，是深思熟虑之后的最佳选择，是抓住转瞬即逝的机会的睿智。而那些想到什么就不计后果地行动、将事情越搞越糟的人，往往只是自作聪明，终将会聪明反被聪明误。

滚滚长江东逝水，滔滔黄河不回头，它们迟疑了吗？没有。所以，它们铸就了一泻千里、浩浩荡荡的气势。鲜花抛弃了美丽，绿叶摒弃了绿意，义无反顾地投入了黑色土地的怀抱，它们迟疑了吗？没有。所以它们化作营养，滋润着万物。果断是人生的一张关键牌，拥有它，生命就拥有了打开成功之门的钥匙。

第 9 章
抗击逆境力，青春就是为梦想勇敢追求的年纪

>>>>>>>

有人说，青春是一株无名的小草，它虽不怎么起眼，却经得起风吹雨打。青春是一把未开锋的宝剑，只会越磨越利。这就是青春，青春就是为梦想和愿望勇敢追求的年纪，黎巴嫩诗人纪伯伦有两句诗："愿望是半个生命，淡漠是半个死亡！"愿望的作用大到可以产生奇迹。相反，失望会使人彻底毁灭。二十几岁的年纪无处不散发着青春的气息，朝气蓬勃，也是事业和人生的起步阶段，不免有很多困境。但不管遇到什么，年轻人都不能淡漠，不能忘却自己的愿望和理想，更不能被挫折和困难销蚀了人生的动力。

过去不等于将来,但今天决定了明天

可口可乐、所罗门、美国运通、中石油……一次又一次的丰功伟绩,奠定了巴菲特不可动摇的"股神"地位。凭借巴菲特在投资上的天赋,从1965年到2006年的41年间,伯克希尔公司净资产的年均增长率达到了21.46%,累计增长361156%。可是,对巴菲特而言,如此辉煌的业绩,在未来不具备任何意义,无论以前有过怎样令人乍舌的精彩业绩,他始终小心翼翼地实行着自己的投资大计,不敢有一丝一毫的掉以轻心。

一些人,沉醉在过去成功的喜悦中,以为自己从此以后平步青云,一生与失败无缘;一些人,沦陷在过去失败的牢笼里,将心封死,再也不轻言尝试。过去的标签,像阴魂野鬼般缠绕在他们身上,让他们找不到自己正确的位置,也看不到前方正确的路。

过去不等于将来,过去你成功了,不代表将来还会成功;过去你失败了,也不代表将来还会失败。过去的种种,已经永远地留在了过去,将来的种种,靠的是现在的决定。失败的人不要气馁,成功的人也不要骄傲,只要把握好今天的每一分每一秒,那你的明天,就一定是成功的。

如果人的眼睛只盯着后面看,那前面的路就注定一片黑暗;如果人的眼睛看到了前方的曙光,那希望就永不磨灭。每个人都是上帝的孩子,上帝给我们记忆,是想让记忆帮忙守护自己的孩子,而不是成为束缚他们的枷锁。检视一下自己的行为,看自己是不是生活在了过去的阴影里;照现在的趋势发展下去,你的人生会有怎样的结局?

一位在商场上失意的男子向当地一位有名的大师问禅,大师只是以茶相待,却不说禅。大师将茶水注入这位男子的杯子,直到杯满,还是继续注入。这位男子眼睁睁地望着茶水不停地溢出杯外,再也不能沉默下去了,终于说道:"已经溢出来了,不要再倒了。"

"你就像这只杯子一样。"大师道,"里面装满了过去,不先把自己的杯子倒空,叫我如何对你说禅呢?"

男子恍然大悟。

背着沉重的行囊,前面的路注定要走得辛苦,走得糊涂,为什么要为自己的将来贴上过去的标签,为什么要为自己的路增添不必要的隐患？如果过去的种种已经深深地烙在了你的心里，那面对将来新的情况，新的境遇，你又如何调整脚步呢？经验确实是我们的前车之鉴，但它同时也是遮蔽眼睛的纱布，会让人跳进固定思维的怪圈。

将过去清空，让一切归零，从此刻起，你的脑海里没有成功，没有失败，只有从头开始，重新来过。

谁的成功路，都不会一帆风顺

在世人看来，"股神"和"世界第二富翁"的头衔，是那样金光闪闪和高不可攀。可是，我们只看到了巴菲特光鲜的外表和周身环绕的光环，却忽视了通往成功的路上，到处都是荆棘和陷阱。

巴菲特的投资生活绝对不是一帆风顺的。在1973~1974年那场严重的经济衰退中，他的公司受到了严重打击，股价从每股90美元跌至40美元；在1987年的股灾中，他又受到冲击，公司股价从每股4000美元跌至3000美元；在1990~1991年海湾战争前的几个月内，他再次遭到重创，公司股价从每股8900美元急剧跌至5500美元。

在投资的路上，巴菲特经历了很多，但他并没有被打垮，因为他知道，成功和挑战是相伴相生的，要攀上成功的巅峰，就要做好迎接所有困难的准备。

成功，看上去很美，但背后却蕴藏着无数的酸甜苦辣、悲欢离合。很多人，在灾难来临之时，手忙脚乱，惊慌失措，不知该如何应对。在他们的教育里面，有如何享受，如何快乐，如何成功，却没有如何走出困境。人的辛酸历程里面，失败总比成功多，坎坷总比机遇多，我们最应该进修的课程，不是在成功时如何庆祝，而是为未来不如意之事做好准备。

哭是心理脆弱的表现，抱怨是不能认清事实的表现，放弃是没有毅力的表现，如果遇事时，你只会哭、只会抱怨，不做任何努力就选择放弃，那你绝对不可能成就大业。那些真正做好迎接困难挑战的人，往往可以能人所不能，忍人所不能忍。失败了，他会笑着说自己还有重来的机会；摔倒了，他会坚强地爬起来说没关系；即使害怕，他还是会勇于尝试……经历了这些之后，他就具备了战胜一切的品质。

丹格尔3岁的时候，和父亲在公园里玩耍，不小心摔倒了,哭着嚷着让父亲把自己抱起来。父亲没有伸手将他抱起来,而是对他说:"摔倒了,不能哭,自己站起来。"不得已,丹格尔抹掉眼角的泪水,站了起来。

丹格尔7岁的时候,不小心掉进了河里,差点被淹死,从此,他就变得十分怕水。可是,父亲却不顾丹格尔的恐惧,坚持让他学习游泳,甚至说出"学不会游泳就不许回家"的狠话。在父亲的逼迫下,丹格尔终于学会了游泳,也克服了对水的恐惧。

丹格尔10岁的时候,第一次考试成绩没有得第一名,为此他很伤心,而且他不敢回家,因为他怕对自己要求甚严的父亲会因此而责备自己。晚上,父亲在大街上找到了手脚冰冷的丹格尔,也看到了那张没有得第一名的成绩单。可是,出乎丹格尔的预料,父亲没有责备他,而是请他吃了一顿大餐,微笑着说:"恭喜你,孩子,你终于经受了失败了。"

丹格尔14岁的时候,身体变得非常虚弱,做任何事情都没有力气,他甚至一度悲观地认为自己就要离开人世了。可即使在病重之中,父亲还是坚持让他每天按时上学,做家务,和朋友一起踢足球。

丹格尔17岁的时候,父亲被检查出得了肺癌,只剩下

3个月的生命。丹格尔听到消息后，忍不住痛哭起来，父亲看到后，严厉地训斥了他。即使只有3个月的生命，父亲还是坚持做化疗。无论化疗多么痛苦，看到儿子时，他总是摆出一张微笑的脸；无聊的时候，他会和病房里的病友一起唱歌，歌声传到儿子的耳朵里，既动听又刺耳……

3个月过去了，父亲去世了，丹格尔在收拾父亲的遗物时，看到了一封留给自己的信。信中父亲这样写道："孩子，很抱歉不能再陪你走以后的路了。从小到大，我对你都异常严厉，那是因为我知道，人生不可能一帆风顺，你必须为将来尚未可知的麻烦做好充足的准备。现在，我走了，但是我走得很安心，因为我知道，你已经足够坚强和勇敢，不管将来遇到多少困难，你都可以从容面对，我想这是我留给你的最宝贵的财富了……"

读完信后，丹格尔早已泪流满面。原来，父亲如此深爱着自己，他用一生，为自己上了一堂最生动的课。

世间的事瞬息万变，谁也不能预测明天会是怎样一番景致。我们不愿意遭遇不幸，可如果这是命中注定的事，我们就避无可避。困难并不可怕，可怕的是你没有战胜困难的能力，可怕的是你对即将发生的事情没有任何心理准备，以至于悲剧发生之后，你不能力挽狂澜，而是让事态的发展越来越恶化。

德意志民族在第二次世界大战中惨败了，但他们依旧有关于美好生活的幻想，依旧对明天充满了希望，所以，他们凭借坚强的意志，重新站起来了；海伦·凯勒的人生似乎从出生就注定是一个悲剧，不过从有意识的那天起，她就知道自己是与众不同的，知道自己必须加倍地努力才能活得精彩，所以，她凭借不屈的精神，成了全世界人民的楷模……

弱肉强食、适者生存，自古以来就是不变的真理。世界的主宰，肯定是那些早已做好了迎接困难的挑战，并在困境中沉着以对的人。如果你不能成功，就不要怨天尤人，怪只怪你并不具备成功的素质。"胜者为王，败者为寇"，不行就是不行，输了就是输了，成功有成功的理由，失败没有失败的借口。

逝去的，我们已无可追悔，现在的每时每刻，我们都要善加利用。一点点武装自己，磨练自己，让自己变得足够坚强、勇敢，为将来可能会遭遇的不公、嘲讽、坎坷、磨难，做好充足的准备。如果厄运真的避无可避，在我们身上一定要验证，那我们也绝不就此妥协，绝不任人摆布。

成为一个积极进取的人，你就可以实现理想

当各式各样的光盘充斥着世界市场的时候，苹果公司不断进取，力图变革，经过认真研究和分析，向全世界推出了MP3（音乐播放器）。MP3的推出，立刻引起了世界性的效仿，产生了一个新的巨大市场。在创新进取思想的指导下开发的产品，令消费者排队购买，成为市场上炙手可热的商品。

IBM（国际商业机器公司）公司也是众所周知的一家国际大型企业，它经历了硬件—软件—服务三个战略重点的转移。当它在计算机硬件领域的地位下滑后，其战略重点开始转向软件业，而今又转向了服务业。目前其服务产业的收益已占到总收益的一半以上，并且还收购了普华永道（世界顶级会计师事务所之一）的咨询事业部。IBM保持领先的秘诀就是比别人跑得更快，比别人更懂得如何适时而变、积极进取。

花儿不断吸收大地的养分，可以开得更娇更艳；小溪不断地奔涌向前，总有一天可以汇入大海；鲤鱼不断地往上跳，也能跃过看似遥不可及的龙门。一个一无所有的人，可以靠不断进取征服整个世界；一个拥有一切却不思进取的天之骄子，总有一天会沦落为他人歧视的人下人。有人说，人

生靠的是运气；也有人说，人生靠的是朋友的帮助；但实际上，人生靠的是个人的不断努力和进取。

查理德天资聪明，记性非常得好，一篇文章，只要看两三遍就能将其中的内容一字不差地背下来。邻居们都说他是神童，将来一定大有作为。

在周围所有人羡慕的眼神中，原本好学的查理德开始变得自满，认为凭自己的天赋，即使不努力，也可以有所成就。从此，他变得不思进取，每天和朋友一起吃喝玩乐。

起初，凭着自己的天赋，查理德确实显得与众不同，可几年之后，他在同伴中的优势已经没有了。当他重新决定好好学习的时候，却发现，他的智力已经与平常人无异了。

天赋是上天给的，但一颗积极进取的心，却是任何人都无法给予的。天赋再高，也需要努力和勤奋的积累，否则，智慧会在玩乐中变成愚昧，聪明会在慵懒中变成迟钝，一世英明也会在不思进取中变成千古骂名。永远不要期望你可以不费吹灰之力就坐拥一切，天上永远不会掉下免费的馅饼，要想得到自己想要的一切，就必须靠努力使自己具备相应的素质和能力。

人的欲望是没有止尽的，人可以取得的成功也是不可限量的，到了一个高度，你还可以到达一个更高的高度；取得了一次辉煌，你还可以取得更大的辉煌。所谓"逆水行舟，不进则退。"当别人以火箭的速度快速进步的时候，如果你还以蜗牛的速度慢慢爬行，那即使你刚开始将别人远远地甩在后面，总有一天别人也会超越你，到时候，你所有的成功和辉煌，都将永远成为过去，不会再有人记起。

在一片荒芜的土地上，有两颗种子。它们呼吸着同样的空气，吸收着同样的营养，却对生活抱着不一样的想法。

一颗这样想："我得把根扎进泥土，努力地往上长，要走过春夏秋冬，要看到更多美丽的风景。"于是，它努力地向上生长。在一个黄金的秋天，它变成了很多颗成熟的种子。

另一颗却这样想："我若是向上长，可能碰到坚硬的岩石；我若是向下扎根，可能会伤着自己脆弱的神经；我若长出幼芽，肯定会被蜗牛吃掉；我若开花结果，可能被小孩连根拔起。还是躺在这里舒服、安全。"于是，它闭缩在土里。一天，一只觅食的公鸡过来，三啄两啄，便将它啄到肚子里。

许多年轻人都害怕改变，怕改变会损害自己的利益，可生活不会因为你的害怕就停滞不前。这个世界上没有一成不变的事物，新老交替是万物生长的自然规律，没有人能够抗拒，唯一可做的就是去迎接这个变化，适应这个规律。每个人的一生都是自己选择的，你选择积极向上，就可以高耸天际；你选择停滞不前，就会被后浪狠狠地拍死在沙滩上。

罗兰说："人不可以一直沉浸在对过去的留恋中，否则就会对现实失去进取心。"过去的风景固然美丽，可再美丽也只能停留在过去，永远不会成为你的明天。不要一直停留在山脚下而不肯攀爬前面的高峰，否则你就永远不能感受到"会当凌绝顶，一览众山小"的激荡豪情。

人生，没有了进取，就如行尸走肉，渐渐会被奢华所吞噬；人生，没有了进取，就如没有了灵魂的躯壳，思想将会一去不复返；人生，没有了进取，就如停滞不前的时钟，永远也不能找到正确的钟点。努力成为一个积极进取的人，你就可以实现理想，实现愿望；努力成为一个积极进取的人，你的生活会变得更精彩，更惬意，你也可以找到真正的自己。

相信奇迹，奇迹就有可能发生

生命垂危的癌症患者，因为相信奇迹，所以他的病不药而愈了；连自己姓名都不会写的文盲，因为相信奇迹，所以成了一代文豪；说话结结巴巴的口吃患者，因为相信奇迹，所以成了举世瞩目的演讲家。宇宙飞船、太空旅行、克隆……曾经一件件时人断定不可能实现的事，现在通通实现了。人类，不相信奇迹，却又亲自创造了一个又一个奇迹，这难道不是天大的矛盾吗？是世界上没有奇迹，还是我们缺少相信奇迹的热情？

人们习惯用概率来作为自己行事与否的标准，概率大的，做起来就有底气，好似自己一定会成功一样；概率小的，做起来就患得患失，好似自己无论如何努力都不可能改变现状。奇迹发生的概率可能只有万分之一，所以有的人宁可早早地放弃，也不会将赌注压在这万分之一的可能性上。在有的人看来，相信奇迹的结果，就是自己被愚弄，被嘲笑，被挤压到更加尴尬的境地。

奇迹虽然少，但它确实存在，否则世界上就不会有那么多匪夷所思、令人百思不得其解的事情了。可为什么大部分人都认为奇迹永远不会发生在自己身上呢？其实，每个人的一生都或多或少会遇到一些奇迹，只是当奇迹敲响你的家门时，你不敢相信自己会有这样的好运气，眼睁睁地看着它跑到了别人的身上。

相信奇迹，奇迹就会发生。如果莱特兄弟不相信人类可以像鸟儿一样在天空自由翱翔，那今天就没有飞机的存在了；如果科学家不相信人类的活动可以触及其他领域，那人类就不能登上月球……奇迹看似遥不可及，其实就在咫尺之间，相信奇迹，奇迹就会真的发生。

相信奇迹的人，即使奇迹没有发生，他也会处在离奇迹最近的位置上。如果你相信自己将来可以成为世界首富，那你就会在不知不觉当中，要求自己的一言一行、一举一动都符合一个世界首富的标准。若干年后，即使你的财富不是天下第一，但多年的努力也会让你成为第二或者第三。倘若你不相信自己将来能取得这样大的成就，就会在无形中放低对自己的要求，最后沦落为世界倒数第一。

"世界之大，无奇不有"，任何事都在情理之内，预料之中，所以，奇迹是真真切切地在这个世界上存在的，也随时随地都可能降临在我们身上。即使奇迹发生的可能性只有万分之一，我们也要时刻做好准备迎接奇迹的到来。只要相信，奇迹就会发生。

失败的意义并不是对自己的否定，而是从中有所得

当言行被证明是错误的时候，人的内心是痛苦的。没有人愿意承认自己是一个失败者，也没有人愿意吞下犯错的苦果。可错了就是错了，后悔于事无补，悔坏了肠子也得不到他人的同情。在失败中，你得到的到底是什么？真的就只有啃噬失败滋味的痛苦吗？

"我已经在这里做了30年，"一位员工因为一直没升级，对他的老板抱怨道，"我比你提拔的那些人多了至少20年的经验。""不对，"老板说，"你仅有1年的经验，你从自己的错误中，没有吸取到任何教训，你仍然在犯你第一年所犯下的错误。"

"我们浪费了那么多的时间，"一位年轻的助手对爱迪生说，"我们已经试验了2万多次，却仍然没有找到可以做白炽灯丝的物质！""不！"爱迪生回答说，"我们的工作已有重大进展。至少我们已知道有2万多种不能当白炽灯丝的东西。"

比尔·盖茨说："如果你一事无成，这不是你父母亲的

过错。不要将你应当承担的责任转嫁到别人的头上,而要学会从失败中吸取教训。"失败的意义并不是对自己的否定,而是在其中有所得。我们可以从错误中学到很多的经验和教训,这可以让你成长,令你避免再次犯错。

失败是一笔宝贵的财富,失败的次数越多,你的人生经历就越宝贵。对智者来说,失败是上天给予的恩宠,偏偏许多人辜负了上天的一番好意,只看到其中的痛苦,却不能从中吸取经验。不能从失败中吸取教训的人,迎接他的,必将是再一次的失败。

当你因为犹豫不决而犯错的时候,你知道,自己应该从此变得果断;当你因为懒惰而误事的时候,你知道,自己应该从此变得勤劳;当你因为无知而失败的时候,你知道,生命要不断地学习。不跌倒,我们就学不会走路,犯了错,你才能明白,如何才能避免错误。

"宝剑锋从磨砺出,梅花香自苦寒来",从失败中获益,从勤奋中崛起,这才是有志青年的成才道路。不要惧怕犯错,因为经历,可以让你成长,让你变得坚强。将你在错误中吸取的教训应用在以后的行动当中,你就是一个成熟、睿智、出类拔萃的人。

第 10 章
稳扎稳打,脚踏实地地完成你宏伟的目标

>>>>>>>

古今成大事者,没有谁生来就是伟大和成功的。不论多么远大的理想,都需要一步步实现;不论多么浩大的工程,都需要一砖一瓦垒起来。平庸和杰出的差距就在于一点一滴的积累,这是一个细节制胜的时代。任何一个年轻人,都希望在未来社会中有属于自己的一片天地,但你要做的并不是空想,而是把握现在,认真、踏实地对待每一天,这样才能脚踏实地完成宏伟的目标。

做好自己的事，才是为人之道、生存之道

做好自己的事，说起来容易，可做起来却非常困难，世上很少有人能自信地说："这辈子，我做好了自己的每一件事。"很多事，当局者迷，一错再错，就有了遗憾。人生最难的，莫过于做好自己的事。

乔拉有一个美满幸福的家庭，她也一直在单纯的环境中快乐地长大，她一直觉得，自己是何其幸运，能够拥有这样简单却幸福的生活。

可是，或许是上天过于嫉妒她的幸福，在她还没有准备好迎接灾难的时候，她的妈妈被检查出得了癌症。为了治好妈妈的病，爸爸变卖了自己的公司，并连同自己多年的积蓄，都双手奉献给了医院。

后来，妈妈的病治好了，可家里却变得一贫如洗。乔拉的爸爸接受不了自己变得贫穷的事实，经常酗酒，经常动不动就发脾气。

好像一夜之间，乔拉的生活彻底变了，她由原来的不谙

世事的女孩变成了多愁善感的人，由出手阔绰的富家小姐变成了连学费都交不起的贫困生。生活的巨变，导致了乔拉成绩的迅速下滑，她由全班的第一名，渐渐沦落到了差等生的行列。

老师了解了乔拉的情况后，把她叫到办公室，亲切地问她："孩子，我知道你的成绩为什么下滑，你能否告诉老师，你现在心里到底在想什么？"

"我在想自己怎样才能使家里摆脱困窘的局面。"面对平时对自己疼爱有加的老师，乔拉开始吐露心声。

"孩子，让我告诉你，如果你想摆脱现在的困境，那你就必须变得强大，不要将希望寄托在别人身上。"老师很诚恳地告诉乔拉。

"那我怎么样才能变得强大呢？"乔拉急切地问。

"做好你自己的事，如果你连自己的事都做不好，又有什么力量改变命运呢？"

从那以后，乔拉一改颓废的状态，没日没夜地学习，并凭自己的努力考上了全国一流的学府。在大学入学的第一天，她暗暗地告诉自己：做好自己的事，我一定可以改变自己的命运。

当看到自己珍惜的人受苦的时候，我们为他们的遭遇而痛心，为自己的无可奈何而悔恨，那种无力的感觉，好似一种酷刑，给人一种锥心刺骨的痛。帮助别人的最好方式是自己变得强大，而要变得强大，就必须做好自己的事。认真做好自己的事，就要在一点一滴中积累自己的能量。当你变得足够强大的时候，就能帮助自己的亲人、朋友，还有那些你想善待的陌生人。

克里姆林宫里的一位老清洁工说："我的工作同叶利钦差不多，叶利钦是在管理俄罗斯，我是在整理克里姆林宫，我俩都在努力做好自己的事。"从表面看来，二人的工作不可同日而语，但他们都在努力做着自己的事。

在这个世界上，所有人都在做同一件事，那就是做自己的事，可是，鲜少有人能将这件事情做好。生活中有一些人，喜欢好高骛远，不自量力，整日想做那些力不能及的事，却对自己能做的事充耳不闻。殊不知，小草虽小，却能以一片绿意装点整个世界；小溪虽浅，却能滋润山林；你的职位虽然不高，但努力做好了，也能发光发热，温暖人心。

纪伯伦说："如果你无精打采地烤面包，那么你烤的面包是苦的；如果你用怨恨去酿造葡萄酒，那么你就在清洌香醇的酒中滴入了毒液……"人生有许多的无可奈何，许多人都在做着自己并不喜欢的工作。但无论你对现在的境况多么不满意，你还是要学会做好自己的事。

做好自己的事，大家才能肯定你的实力；做好自己的事，家人才能放心，领导才能对你委以重任；做好自己的事，生活才能充实；做好自己的事，你才能成为一个出类拔萃的人。那些整日抱怨生活不公、机遇没有降临在自己身上的人，何不好好审视一下自己，看看你是否做好了自己的事。如果你做好了，生活自然会善待你，机遇也会敲响你的家门。

做好自己的事，不仅是对自己的尊重，更是对他人的负责。工作中你做不好，整个集体的利益都会受到影响；生活中你做不好，你的家人、朋友也会跟着担忧。任何人都不是独立的个体，都与周围的世界有千丝万缕的联系，你的一个错误，很有可能会连累到他人。

老师的工作就是教书育人，战士的工作就是保家卫国，总统的工作是管理好国家，画家的工作是画出震撼人心的作品……无论你职位高低，财富多寡，每个人都有自己应该做的事，都有自己必须做的事。做好自己的事，才是为人之道，生存之道。

聪明的人，总是去做自己擅长的事情

一些人不顾自身的实际情况，坚持做自己不擅长的事，当因为不了解而碰壁的时候，他们又总是自我安慰：谁都有一个不懂到懂的过程，只要坚持下去，总会成功的。殊不知，有些人终其一生，也没有将某个行业弄得明明白白，你这个学习的过程，可能漫长得超过你的负荷，最后仍有可能以失败告终。

法国有一个数学天才，他和另一个男孩同时爱上了一个美丽的姑娘。按照法国当时的风俗，如果两个男人爱上同一个女人，就要以决斗的方式决定女人的归属。很不幸，这个数学天才的对手是法国最好的神枪手。两个人当面对决，距离25步，结果，数学天才腹部中枪，倒地身亡。数学上的任何难题，都难不倒这个天才，但对于枪法他却一窍不通。在一个自己完全不擅长的领域，这个数学天才付出了自己宝贵的生命。

1952年，以色列驻美大使奉总理之命，向爱因斯坦探询提名其为以色列总统候选人的意向。可是，爱因斯坦却回答说："大使先生，关于自然，我了解一点，关于人，我几乎一点儿也不了解。像我这样的人,怎么能当国家总统呢?"

聪明的人,总是去做自己擅长的事情。因为做不擅长的事情,就算我们再努力,顶多也就是不会被别人落下太远,要想出人头地是很难的。而做我们擅长的事,则可能成为那个领域的精英,使我们能够少走许多弯路,更加轻松地走到成功的顶点。

一位哲人曾说过:"一个人所成就的事业,必然是这个人的特长,舍长取短是天下最愚蠢的人才干的事。"据调查,有28%的人因为找到了自己最擅长的职业,彻底掌握了自己的命运,并把自己的优势发挥到淋漓尽致的程度。相反,有72%的人因为找不到自己的"对口职业",总是别别扭扭地做着不擅长的事,因此,不能脱颖而出,更谈不上成就大业了。

即使有些人天资愚笨,可在某个擅长的领域10年的努力,总强得过天才1年的努力。更何况,世界上大多都是平凡人,每个人的智商都是差不多的,决定成功或失败的因素,不是智商,而是你是否在擅长的领域坚持下去。每个人心中都应该有一把丈量自己的尺子,知道自己该干什么,不该干什么,善于扬长避短,这样,这个世界就又多了一个"塑料大王""汽车大王""钢铁大王"或"石油石化大王"。

　　做自己擅长的事,说起来容易,做起来难。人生有很多的诱惑,每个人都想要追求最好的。可究竟什么才是最好的呢?当你月薪5000元的时候,你会觉得月薪10000元才是最好的;当你拥有一间杂货店的时候,你会觉得拥有全国连锁店才是最好的。自始至终在自己擅长的领域坚持,否则像有些人一样在众多行业中跳来跳去,最后对所有的事都只是懂一些皮毛,就不能成为其中的精英。

　　要专注于一件事,就要对自己有清晰的认识,知道哪些是自己的强项,哪些是自己的弱项,对于自己很可能会失败的领域,无论如何都不能涉足。要知道,适合别人的不一定适合你,只有把自己放对了位置,才能有属于自己的独特光辉。

　　要专注于一件事,就要对将来有明确的规划,并为目标的实现定下许多小目标。每一次目标的实现,对我们都是莫大的鼓励。坚持一段之间之后蓦然回首,你会发现自己成长很多,进步很多。这时候,满满的成就感可以令你脚踏实地在自己擅长的领域愉快地前进。

人可能因为自恋而无所畏惧，可能为了心爱的人而"明知山有虎，偏向虎山行"，终生纠缠于自己不擅长的事。要知道，让鱼儿参加长跑比赛，或让兔子参加游泳比赛，这些都是很愚蠢的事情。人生苦短，快乐良多，做自己喜欢的、擅长的事，心才不会纠结。

及时抓住瞬间机遇，实现人生的飞跃

不少成功的人依靠机遇获得成功和财富，也有不少失败的人在黑暗中看到了希望，靠着机遇重新找到光明，获得新的生活。在漫漫的人生旅途中，机遇也许只会降临一次，你若不能及时地抓住它，它就会转瞬即逝。能抓住机遇也是一种能力，它会帮助你在苦苦跋涉中迎来一次人生的飞跃，让你目睹成功女神的微笑。

有预报蝗虫的，有预报暴雨的，却没有预报机会的。当机遇戴着面纱，从我们身边悄然走过的时候，我们浑然不知，待她已在不知不觉中走远的时候，才猛然发觉，原来我们曾遇到过她。每个人一生当中，都会遇到机遇，可并不是所有人都能抓住机遇的尾巴。你是否为自己曾经错过机遇而感到惋惜,是否希望曾经错过的机遇能再次降临?

有一个牧师,每天都勤奋努力地做着自己的工作,忠诚地侍奉着上帝。有一天,他做了一个梦,梦中,上帝告诉他这里要发洪水了,要他赶紧通知村民离开。上帝还告诉牧师,洪水来的时候,上帝会去救他。

果然,牧师将消息告诉村民之后,洪水就真的来了。等村民全部离开之后,牧师站在教堂的房顶上,等待着上帝来救他。

一会儿,一只小船划了过来,船上的人大叫让牧师赶快上船,牧师想了想,说:"你先走吧,上帝会来救我的。"

又过了一会儿,有人开着一艘豪华游艇停了下来,对牧师说:"您和我们一起走吧。"牧师想了想,还是说:"我相信上帝会救我的。"

洪水涨到了教堂的房顶的时候,一架直升机飞过来,放下了软梯,直升机里的人让牧师赶快上来,牧师还是坚持地说:"上帝会来救我的,你们走吧。"没办法,直升机只好离开了。

最后,洪水冲走了牧师。

牧师来到天堂，找到上帝，满怀委屈地说："上帝，你不是答应会救我的吗？你为什么出尔反尔了呢？"

上帝叹口气说："我给了你三次机会，第一次是一只小船，第二次是一艘豪华游艇，最后一次是直升机。可你都没有抓住，这能怪谁呢？"

生活中，很多人都在抱怨人生没有机遇，真的是这样吗？是没有机遇还是你不善于抓住机会？上天对每个人都是公平的，它会给你磨难，也会给你别人求之不得的机遇。只是，并不是所有人都有一双善于发现的眼睛，大部分人，错过的机遇总比抓住的多。

有一句谚语说："通往失败的路上，处处是错失了的机遇。坐待幸运从前门进来的人，往往忽略了幸运也会从后窗进来。"成功者之所以成功，是因为他敢于冲锋、主动进攻，善于抓住胜利的时机。机遇从来都不会落在守株待兔者的头上。要想在机遇中受益，就从今天开始，睁大你的双眼，紧紧抓住在你眼前出现的机遇。

世界上缺少的不是机遇，而是善于发现机遇的眼睛。善于发现机遇的人，总能透过现象看到本质，及时摘下机遇神秘的面纱。即使没有机遇，他们也会想尽一切办法，制造别人梦寐以求的机遇。那些平凡的不能再平凡的小事，那些看似会毁掉你的人生厄运，对拥有火眼金睛的人来说，都是天上掉下来的馅饼，孕育着生命的财富和转机。

机遇偏爱有准备的头脑，要练就一双发现机遇的火眼金睛，我们还要从自身开始加强修炼。多读一些书，机遇来的时候，你不会对它一无所知；多积累一些经验，机遇来的时候，你可以更好地看清它的真面目；多动点脑筋，机遇来的时候，你可以快速地反应过来……你的内在越丰富，机遇就越容易来到你身边。

有一位政治家曾经说过："命和运是两回事，命是天定的，运是机遇，机遇是靠人去把握的。"机遇是掌握在自己手中的，如果你的生活中没有机遇，那就应该自我检讨一下，看看问题是不是出在了自己的身上。一味地抱怨命运的不公，是弱者的行为，真正的强者，会觉得生活中遍地是机遇。

能避免人生重大的失误，就是一种成功

什么样的人才叫做成功人士？一位取得产品专利的科研

人员算是成功人士吗？一位拥有百万资产的公司老板算是成功人士吗？一位娶得美娇娘的新郎算是成功人士吗？从眼前看，这些人真的是羡煞旁人的成功人士，但从长远看，如果这位科研人员的科研成果后来被证明是无效的，或那位公司老板后来因为决策失误不得不将公司关闭，又或者这位幸运的新郎后来发现新娘的内心并不如她的外表那般美丽，那这些人还能算是成功人士吗？

对于成功，人们的理解总是那么狭隘，实际上，人生还有另外一种成功，就是能够避免重大的失误。有些人总是不断地犯错，在世俗的眼光中，这种人绝对不可能成功。可是，偏偏就有一些这样的人，生活惬意，事业如日中天，是标准的成功人士。许多人对这种现象不能理解，但仔细观察你就会发现，这些人虽然平时总是小错不断，但在人生的关键时刻，却从没有过重大的失误，这才是他们成功的真正秘诀。

有一个人在与别人打斗时不慎将对方打死，被叛死刑。在行刑前，国王决定给他一次机会。国王给了他一碗很满的水，并且告诉他："你要端着这碗水爬过我们国家最高的山，如果你到达山的另一端的时候，这碗水一滴都没有洒，我就饶你不死。"

所有人都认为这是不可能的事，因为即使在平坦的路上，水也很容易洒出来，更何况是这样一条又高又远又崎岖的山路。

犯人爬山的这一天，全国的人都挤在山路的两旁，大家都死死地盯着碗里的水，看犯人能坚持到什么时候。许多人心里暗暗想着：等水洒出来之后，就立刻把他抓到国王面前，让国王处置他。

犯人的眼睛紧紧地盯着碗中的水，小心翼翼地迈着每一步。一分钟过去了，一个小时过去了，一天过去了，当太阳再次从东方升起的时候，犯人终于走到了山的另一头，而且碗里的水真的一滴都没有洒出来。

犯人高兴地来到国王面前，国王依照承诺赦免了他的罪行，说："你成功了，依据先前的承诺，你现在自由了。"

犯人泪流满面地回答说："不，这并不算成功。以前我也总是打架惹祸，可都没有这次这样严重。经过这次事情之后，我明白小错偶尔可以犯，但大错是无论如何都不能犯的。如果在以后的生活中，我都能够避免大的失误，那才能算是真的成功了。"

很多人在失败之后都沮丧地说："如果我当时没有犯

下那么重大的失误，现在早就已经飞黄腾达了。"可是，就算你再沮丧、再懊悔，也不能挽回任何的损失，你还是一个失败者。没有失误，就代表你现在所做的事正朝着预期的方向发展，就代表只要这样一直走下去，你就会取得成功。所以，当我们做事的时候，不要总想着成功以后的鲜花和掌声，而是要仔细考虑，如何在前进的过程中避免犯下重大的失误。

其实，人生在世，怎么可能会没有失误呢？犯错并不要紧，重要的是你没有犯下不可弥补的失误。平时一些小的失误，可以为你积累经验教训，让你在失误中得到成长，可一次真正具有毁灭性的失误，就会让你成为油锅里的鱼，永远都不再有翻身的余地。

被称为"世纪的巨人""西方之皇""战争之神""命运的支配者"的拿破仑，一生亲自指挥过60多次战役，都取得了辉煌的战绩，镇压了叛乱，粉碎了欧洲"反法联盟"的多次武装干涉，打乱了欧洲的封建秩序。可是，仅攻打俄国的一次巨大失败，就让他葬送了自己的戎马生涯，被放逐到圣赫勒拿岛，之前所有的努力都功亏一篑。

有一个人，22岁时，经商失败；23岁时，竞选州议员失败；24岁时，经商失败，他花了16年时间才把债还清；25岁时，再次竞选州长议员失败；26岁即将结婚时，未婚妻死亡，；29岁时，争取成为州议员的发言人失败；34岁时，参加国会大选失败；39岁时，争取国会议员连任失败；45岁时，竞选美国参议员失败；49岁时，再度竞选参议员，再度失败；51岁时，当选美国总统。这位失败无数的人，就是美国历史上最伟大的总统之一——林肯。

无数次小的失误比不上一次大的失误更具有毁灭性，无数次小的成功也比不上一次大的成功更具有意义。在很多人眼里，能在某方面取得巨大的成就就算成功，但实际上，能够避免人生重大的失误，也是一种成功。这种成功，可以成就人的一生，比一时小的成功更有价值、更有意义。

第 11 章
善于忍耐、等待时机：成功来自实力的不断积累

>>>>>>>

自古以来，很多成功人士都有这样一个品质，那就是善于忍耐，尤其是在时机不成熟、力量不足的情况下，他们更能做到自律，并在暗中积极准备、出奇制胜，以有备胜无备，这样做的目的是要减少外界的压力。因此，新时代的年轻人，如果你现在实力不佳，就要养精蓄锐，锋芒不露并伺机行事！

把握现在，不放松每件小事

古今成大事者，没有谁生来就是伟大和成功的。不论多么远大的理想，都需要一步步实现；不论多么浩大的工程，都需要一砖一瓦垒起来。平庸和杰出的差距就在于一点一滴的积累，这是一个细节制胜的时代。的确，任何一个年轻人，都希望在未来社会中有属于自己的一片天地，但你要做的，并不是空想，而是把握现在，认真、踏实地对待每一天，这样才能完成宏伟的目标。正如日本"经营之神"稻盛和夫所说："宏伟的事业，是靠实实在在的、微不足道的、一步步的积累获得的。"

在对待人才的问题上，稻盛和夫在他的书中这样阐述道："我之所以并不器重才子，是因为才子往往倾向于今日的一点成功。才子自恃才高可以预测未来，就不由得厌恶像乌龟那样缓慢地度过一天，希望像脱兔似的走捷径。但是，过于急功近利往往容易在意料不到之处摔跟斗。迄今为止，众多优秀且聪明的人才进入了京瓷公司，也正是这些人才，以为公司没有前途而辞职。所以，留下来的都是不太聪明、平凡的、无跳槽才能的人。但是，这些人在10年、20年后都会晋升为各部门的干部或是领导。这样的事例多不胜举。"

从稻盛和夫的话中，我们看到了积累在目标实现过程中的重要性。同样，无论你有怎样远大的目标，但如果在每一个环节联结上、每一个细节处理上不到位，你的目标都会被搁浅，从而导致最终的失败。

生活中，有这样一些人，他们也有远大的目标，但在具体实施时，由于缺乏对完美的执着追求，事事以为"差不多"便可，结果是：由于执行的偏差，导致"差不多的计划"到最后一个环节已经变得面目全非。

每个年轻人都有远大的理想，如果你想要实现它，你就应当谨记稻盛和夫的话，无时无刻地不使自己处于一种思考和锻炼之中。老子曾说："天下难事，必做于易；天下大事，必做于细。"它精辟地指出了想成就一番事业，必须从简单的事情做起，从细微之处入手。一心渴望成功、追求成功，成功却了无踪影；甘于平淡，认真做好每个细节，成功却不期而至。这也证明了"点滴的细节孕育出了巨大的成功"这一道理。

所有的成功者都是从小事做起，无数的细节就能改变生活。成功者之所以成功，在于他们不因为自己所做的是小事而有所放松。

年轻人，如果你想改变现在的自己，使自己达到卓越的境界，那么你很快就可以达到。不过你得从这一刻开始，摒弃对小事无所谓的恶习才行，大事业是从小处开始的，你要明白，一砖一瓦垒起来的楼房才有基础，一步一个脚印才能走出一条成功的道路。

任何时候，放弃什么都不能放弃希望

从古至今，大凡成功者，无不具备一项品质，那就是拥有不被打倒的意志力。他们总是满怀希望，即使他们跌倒了，他们也还是会爬起来，跌倒一百次，他们会爬起来一百次，最终，他们取得了胜利的果实。的确，每件事在开始时只不过是一个想法。"不可能"背后隐藏的巨大成功，只青睐那些充满激情、意志坚定的人。失误、失败并不可怕，关键在于如何从失败中奋起，反败为胜。只要你坚持下去，不可能也会变为可能。

在《稻盛和夫箴言》一书中，提到稻盛和夫的一条箴言：即使处于最低潮，也不能失去对明日的希望。因此，年轻人，任何时候都不要放弃希望，哪怕处于人生的绝境中，只要你抱有希望，就能绝处逢生。

世界上没有什么事情是不可能的，如果你有成就事业的强烈愿望，那么你已经成功了一半，剩下的就是用你的心去实现它了。

在许多时候，成功者与平庸者的区别，不在于才能的高低，而在于有没有勇气。有足够勇气的人可以过关斩将、勇往直前，平庸者则只能畏首畏尾、知难而退。爱默生说："除自己以外，没有人能哄骗你离开最后的成功。"柯瑞斯也说过："命运只帮助勇敢的人。"

当然，要想摆脱困境，还需要你做好计划，加以实施。拿破仑曾经说过："想得好是聪明，计划得好更聪明，做得好是最聪明又最好！"任何伟大的目标、伟大的计划，最终必然要落实到行动上，成功开始于明确的目标，成功开始于良好的心态，但这只相当于给你的赛车加满了油，弄清了前进的方向和路线。要抵达目的地，还得把车开动起来，并保持足够的动力。

不管你决定做什么，不管你为自己的人生设定了多少目标，决定你成功的永远是你自己的行动。行动可以赋予生命以力量，你的行动，决定你的价值。

克服陋习，实现自律

古人云："天将降大任于斯人也，必先苦其心志，劳其筋骨，饿其体肤，空乏其身，行拂乱其所为，所以动心忍性，曾益其所不能。"那些成大事者，都有"动心忍性"的自制力，使其能守得云开见月明，走出逆境。自律就是自我管理、自我控制；自律就是战胜自我、超越自我。金无足赤，人无完人，人最大的敌人是自己。只有能够战胜自己的人，才是真正的强者。

谁都不能否认一个事实，稻盛和夫之所以会成功，是因为他能从苦难中走出来，而一直以来，他都以"自律"为自己的人生观。

在《活法》一书中，他曾经提到："树立正确的人生态度并始终贯彻执行，这是现在对我们每一个人的最大的要求。只有这样才能使我们每一个人的人生走向成功和辉煌，同时也是人类走向和平和幸福的王道。如果你能把这样的人生当作人生指南我就不胜荣幸了。"

稻盛和夫认为，要克服自己的陋习，并不断严格要求自己，这才是必不可缺的。努力、诚实、认真、正直……严格遵守这些看似简单、容易的要求，并把它们作为自己的人生哲学或人生态度不可动摇的根基。

　　自律对于初入社会的年轻人显得尤为重要。在工作和生活中，自律在很多方面都发挥着巨大的作用：它能督促我们去完成应当完成的任务；能抑制我们的不良行为，如贪婪、懒惰；能缓解不良情绪，如冲动、愤怒、消极；能抵御外界形形色色的诱惑；等等。相反，如果没有或缺少自律，不良的行为和情绪就会反过来控制你，你将失去意志力、信心、执着和乐观，失去获得成功的机会，甚至会偏离人生的方向，误入歧途。

　　人们之所以会做那些让自己后悔的事，归结起来，大多也是因为自制力薄弱，抵挡不住诱惑，做了不该做的事。要培养坚定的自制力，首先要从心里认识到自律的重要性，然后才能自觉地培养。只有坚决地约束自己、战胜自己，才能战胜困难、取得成功。

　　我们知道，那些取得辉煌成就的人，都是吃了很多苦才成功的，为什么他们自找苦吃呢？是他们以苦为乐吗？其实不然，大家对客观事物的情感体验是大致相同的，没有人早起晚歇地工作而不觉得累的，没有人不觉得娱乐是有趣的，没有人觉得累得腰酸背痛是舒服的，没有人觉得周末睡个懒觉是难受的……"以苦为乐"是他们帮助自己提高自制力的一种心理暗示方法而已。其实他们是将目标放在了更大的、更长远的快乐上。大部分人的目光只放在了眼前，求得一时之欢，却要在之后的日子里承受长久的痛苦，"少壮不努力，老大徒伤悲"。成功的人呢，他们"不惜金缕衣"，而珍惜时间，他们坚信"吃得苦中苦，方为人上人"，他们也是趋乐避苦，不过趋的是大乐，避的是大苦。

生活中的年轻人，如果你希望自己能在日后有所成就，就要锻炼自己的这一品质，一个能战胜自己的人是无敌的。我们遇到的最强大的对手往往不是别人，而是自己。因为人的缺点常常是很顽固的，即所谓"江山易改，秉性难移"。若你想做到自我突破，让自己再上一个新台阶，就必须克服自身的缺点！一个自律的人能够不断克服陋习、完善自己，一个不能自律的人却会被自己的缺陷轻易击败。人或强大或弱小，是由能否战胜自我而决定的。

退居幕后，积攒实力

在中国古代做人的艺术中，"大智若愚"常被演变为一套内容极其丰富的韬光养晦之术，真正聪明的人有才不外露，而是伺机而动，厚积薄发。新时代的年轻人，更不能忽视这条做人的道理，尤其是当自己还羽翼未丰时，更要懂得韬光养晦术，这是保存实力、积蓄力量的重要手段，即使有大智慧、大志向也不必昭告世人，暴露会让你成为别人进攻的"靶子"，隐晦才能帮你引开那些敌对的目光。

中国人素来有坚韧不拔的毅力，坚韧就是能屈能伸，当形势不利于自己的时候，要懂得掩藏，甘于退居幕后积攒实力，而不是充大头，硬碰硬，这不是聪明的做法。自古以来，多少英雄好汉，非要争一口气，最终一世英名被毁；更有多少功成名就之人，他们的成功就在于他们在实力不佳时，懂得隐忍，退居幕后，"招兵买马"，最终一举成功。在这一点上，汉高祖刘邦便是一个很好的例证。

刘邦、项羽之所以有不同的结果，原因很大程度上归结于二人自身的性格不同。楚汉战争中，刘邦的实力远不如项羽，但刘邦懂得"小不忍则乱大谋"的道理，这一点，在鸿门宴中体现得尤为明显。当项羽听说刘邦已先入关后怒火冲天，决心要将刘邦的兵力消灭。两军短兵相接，刘邦感到兵力悬殊，危在旦夕，实在无法抵挡。于是，刘邦放低姿态请张良陪同他一起去见项羽的叔叔项伯，再三表白自己没有反对项羽的意思,经过"鸿门宴",最终脱离困境。

事实上,很多时候,我们与对手之间的较量,就是一种"忍"功的较量,打的就一场心理战,谁能够"挺住",谁就能赢得成功、笑到最后;谁若忍不住、刚愎自用,谁就会以失败结束,一败涂地。北魏献文帝拓跋弘有个侄子叫元恭,也就是后来的北魏节闵帝。他"装聋作哑"20年最终登上帝位也说明了这个道理。

现代社会,一个人无论多聪明,多能干,背景条件有多好,如果没有一点韧性,没有一点"城府",那么他最终的结局肯定是失败。很多人努力了一辈子,却总是以失败告终,就是因为他没有弄明白这个道理。

这里所谓的"城府",并不是人们通常意义上的攻于心计,攻于心计是小人所为,为人处世,耍小聪明、小计谋迟早会被人发现而落得众叛亲离的下场。这里的"城府"指的是懂要得规避风头,培养自己的韧性,当收则收,当放则放,懂得收放自如。

年轻人,当你对社会还没有深刻的了解,知识储备还不够充分的情况下,你不妨采取韬晦的办法,不与人争强好胜,静观其变,在暗中积极准备,这比积极地表现自己更能保护自己,也能避免更多不可预知的风险!

第 12 章
磨砺心志：保持开朗的心境朝前看，努力坚持，不懈怠

>>>>>>>

人们常说，人生无常。人生路上，谁都会遇到不如意、困难甚至灾难，但无论遇到什么，只要我们的心灵足够强大，我们就能坦然接受。生活中的年轻人，你的人生才刚刚开始，要把磨砺心志当作自己长期需要做的工作，以做到抑制自私、冲动，心态更加平和与包容。

干一行爱一业，一辈子持之以恒

自古以来，是否有恒心被认为是一个人心理素质优劣、心理健康与否的衡量标准之一，也是人生未来成功与否的关键因素之一。恒心，它与意志品质的其他方面，如主动性、自制力、心理承受力等有一定的关系。初入社会的年轻人，应当着力培养自己的恒心，在工作上，应当把自己的工作当成天职，一辈子持之以恒。正如稻盛和夫所说："专心致志于一行一业，不腻烦、不焦躁，埋头苦干，你的人生就会开出美丽的花，结出丰硕的果实。"

在中国的古战场上，曾经发生过这样一个故事：

寒冬腊月的一天，一名守将带领着自己的士兵守护着城池，不幸的是，这座城市很快被围，情况危急。守将决定派一名自己信得过的士兵去河对岸的另一座城市求援。这名士兵马不停蹄地赶到河边的渡口，却看不到一只船。平时，渡口总会有几只木船摆渡，但是由于兵荒马乱，船夫全都逃难去了。这名士兵心急如焚，因为能否过河，不仅关系到自己的生命，还关系到整个城市百姓的生死。

时间一点点地过去，很快太阳落山，夜幕降临了。黑暗和寒冷，更让这名士兵感到恐惧与绝望。更糟的是，不仅起了北风，到了半夜，又下起了鹅毛大雪。士兵瑟缩成一团，紧紧抱着战马，借战马的体温取暖。他甚至连抱怨自己命苦的力气都没有了，只有一个声音在他心里重复着：活下来！他暗暗祈求：上天啊，求你再让我活一分钟，求你让我再活一分钟！当他气息奄奄的时候，东方渐渐露出了鱼肚白。

士兵牵着马儿走到河边，惊奇地发现，那条阻挡他前进的大河，河面上已经结了一层冰。他试着在河面上走了几步，发现冰冻得非常结实，他完全可以从上面走过去。士兵欣喜若狂，牵着马从上面轻松地走过了河面，搬来了救兵，城市就这样得救了。这得益于士兵的忍耐和等待。

这座城市为何能得救？因为士兵的等待，因为士兵完成了上级交代的任务，正是这种使命，使他具备了超强的忍耐力和意志，从而战胜了寒冷和绝望。的确，作为一名军人，只有扛起责任，把上司的任务当成天职，把国家、人民的安危放在心上，才能忍受旁人所难以忍受的东西，经受住各种考验，才能使自己不断地积蓄力量，增强忍耐力和判断力，才能发挥一个军人的本色。

同样,生活中的每个年轻人,在面对自己的工作时,也应该有一份军人的使命感,把每天的工作都当成自己的天职并努力完成,才能在日积月累中提升自己。培养踏实、勤奋的工作作风,对于未来的人生之路是有益的。因为人生之路,通常都是坎坷、充满荆棘的,你只有具备忍耐力,才能过五关、斩六将,才能取得最后的成功。同样,一个人追求学术、积聚实力也需要忍耐力的支持。

我们再来看下面一个寓言故事:

这天,一只老马带领一群小马去电影院看电影。

"现在,只有10分钟就可以到电影院。"

又走了20分钟,这些小马在河边停了下来。非常奇怪,小马们虽然走了近一个小时,却并不觉得疲惫。

老马给它们解释原因。

"今天所走的路,你们可以常常记在心里。这是生活艺术的一个教训。你与目标无论有多遥远的距离,都不要担心。把你的精神集中在10分钟内的距离,别让那遥远的未来令你烦闷。"

将"精神集中在10分钟内的距离",多么睿智的解释。

然而这也是很多年轻人目前最缺乏的。他们往往将目标着眼于大处，而忽略了小的问题。一座建筑是由一砖一瓦砌成的，一砖一瓦本身似乎并不怎么重要，但是缺少了它们，高楼如何建起？同样的道理，成功者的一生都是由无数个看上去微不足道的小方面构成的。

我们都曾看过《木偶奇遇记》，里面有个任性、撒谎、懒惰、不爱学习、经不住诱惑的坏孩子匹诺曹。他原来是个给人印象很坏的孩子，但经过了许许多多磨难，从中吸取了教训，他最终成为了一名勇敢善良的好孩子，这时，我们都很喜欢这位好孩子。

每个年轻人都希望自己有一亩奇迹田，这样不用费吹灰之力就能得到许许多多的金币，多方便，但现实总不随人愿。要知道凭空想象、不劳而获都没有好下场，只有一分耕耘才有一分收获，临时抱佛脚是没有用的。

著名作家埃里克说："当我放弃我的工作而打算写一本25万字的书时，我从不让我过多地考虑整个写作计划涉及的繁重劳动和巨大牺牲。我想的只是下一段，不是下一页，更不是下一章如何写。整整6个月，我除了一段一段地开始外，我没有想过其他方法。结果，书写成了。"

由此可知，达到任何目标都需要一步一个脚印，循序渐进。对于年轻的你们来说，要想提高自己的实践能力与工作能力，就要做到重视上级安排的任务，把工作当天职，要知道，每一个任务都是迈向成功的台阶。

生活中，我们看过很多名人的成功事迹，但是往往忽略了他们成功途中的跋涉。仔细研究他们的历史，我们会发现，他们的成功都是靠自己扎扎实实走过来的，而绝不是一股盲目的热情所促成的。当然，社会中也会偶尔冒出几个平步青云的人，但是他们没有牢靠的基础，稍稍起些风浪，他们就会像以前轻易得到荣誉一样，轻易地失去手中的一切。

这是一个风云激荡的年代，这是一个机会频生的时代，这是一个人人都渴望成功的时代，要想在这个时代成就一番事业，就必须在理想的召唤下，制订近期与长期的目标，一步一个脚印，踏踏实实地走向成功。

持续是一种力量,助你成就非凡

有人说,人生就像一副牌局,真正让这副牌局精彩的人,即使得到的是最差的牌,也会坚持到最后,精心打出每一张牌。也就是说,恒心是我们每个人获得成功人生的前提。而在现实生活中,很多年轻人,无论在学习目标还是在个人兴趣爱好上,通常都有一个缺点,那就是三分钟热度,做不到持续。在追求成功的过程中,很容易因为困难的出现或者兴趣的转移而放弃最初的热衷。这正是很多人始终不能有所成就的原因。

在稻盛和夫的《干法》一书中,他为所有年轻人阐述了持续的力量。他说:"所谓人生,归根到底就是一瞬间、一瞬间持续的积累,如此而已。每一秒钟的积累成为今天这一天;每一天的积累成为一周、一月、一年,乃至人的一生。同时,伟大的事业乃是朴实、枯燥工作的积累。如此而已。那些让人惊奇的伟业,实际上,几乎都是极为普通的人兢兢业业、一步一步持续积累的结果。"

作为企业经营者,稻盛和夫招聘到的员工中,有两类人,一类是精明能干、高学历者;另一类是处理事情迟缓、反应迟钝者。令人欣慰的是，他们忠厚老实、勤勤恳恳。

当然，任何一个企业经营者都会欣赏前者而不是后者。稻盛和夫也曾认为，前者当中特别能干的人，将来在公司里可以委以重任。真的是这样的吗？不，现实情况恰恰相反。

后来，稻盛和夫发现，这些头脑灵活、办事利索的人才成长很快，但正是因为这样，他们意识到自己在这家公司实在是大材小用，于是萌生了跳槽的想法，不久就辞职离去。而最终留在公司里的、有用的，恰是那些最初不被看好、头脑迟钝的人。

当发现这一点以后，稻盛和夫认为自己实在是目光短浅，并为此感到羞愧。

这些头脑迟钝的人，做起事来不知疲倦，10年、20年、30年，像蜗虫一样一寸一寸地前进，刻苦勤奋，一心一意，愚直地、诚实地、认真地、专业地努力工作。经过漫长岁月的持续努力，这些原本头脑迟钝的人，不知从何时起，就变成了非凡的人。

当稻盛和夫第一次意识到这个事实时，很是惊奇。当然，他们并不是在某个瞬间发生了突变，非凡的能力也不是突然获得的。

第12章
磨砺心志：保持开朗的心境朝前看，努力坚持，不懈怠

这些看似平庸的人，工作加倍努力，辛苦钻研，一直拼命地工作，正是在这样的过程中，他们塑造了自己高尚的人格。

我们生活的周围，就有这样一些人，他们并不像老虎那样迅猛，他们没有太多的出众的才华，他们更像牛，持续地专注于一行一业。这样不断的努力，让他们不仅提升了能力，而且磨炼了人格，造就了高尚美好的人生。

因此，年轻人，如果你哀叹自己没有能耐，只会认真地做事，那么，你应该为你的这种愚拙感到自豪。

看起来平凡的、不起眼的工作，却能坚韧不拔地去做，坚持不懈地去做，这种持续的力量才是事业成功最重要的基石，才体现了人生的价值，才是真正的能力。

当然，在坚持的过程中，你可能也会遇到一些压力和困难，但我们要明白的是，任何危机下都存在着转机，只要我们抱着一颗感恩的心，再坚持一下，也许转机就在下一秒。

老亨利是一家大公司的董事长，他是个和蔼的老人。有一次，产品设计部的经理汤姆向老亨利汇报说："董事长，这次设计又失败了，我看还是别再搞了，都已经第九次了。"汤姆皱着眉头，神情非常沮丧。

"汤姆,你听我说,我既然让你来设计,就相信你能成功。来,我给你讲个故事。"老亨利吸了一口雪茄,开始讲起来,"我也是个苦孩子,从小没受过什么正式教育。但是,我不甘心,一直在努力,终于在我31岁那年,我发明了一种新型的节能灯,这在当时可是个不小的轰动呢!但是,我是个穷光蛋,进一步完善新型节能灯需要一大笔资金。我好不容易说服了一个私人银行家,他答应给我投资。可我这种新型节能灯只要一投放市场,其他灯的销路就会被阻断,所以就有人暗中阻挠我成功。谁也没想到,就在我要与银行家签约的时候,我突然得了胆囊症,住进了医院,大夫说必须马上做手术,否则就会有危险。那些灯厂的老板知道我得病了,就开始在报纸上大造舆论,说我得的是绝症,骗取银行家的钱来治病。结果,那位银行家不准备投资了。更严重的是,有一家机构也正在加紧研制这种节能灯,如果它抢在我前头,我就完蛋了!我躺在病床上万分焦急,最后只能铤而走险,不做手术,如期地与那位银行家见面。

"见面前,我让大夫给我打了镇痛药。和银行家见面后,我忍住剧烈的疼痛,装作没事似的,和银行家谈笑风生。但时间一长,药劲过去了,我的肚子就像被刀割一样疼，后背的衬衣也让汗水湿透了。可我仍然咬紧牙关，继续与银行家周旋。我当时心里就只剩下一个念头：再坚持一下，成功与失败就在于能不能挺住这一会儿！病痛终于在我强大的意志力下低头了，最后我终于取得了银行家的信任，签了合约。我在送他到电梯口时脸上还带着微笑，并挥手向他告别。但电梯门刚一关上，我就扑通一下倒在地上，失去了知觉。提前在隔壁等我的医生马上冲过来，用担架将我抬走。后来据医生说，我的胆囊当时已经积脓，相当危险。知道内情的人无不佩服我这种精神。我呢，就靠着这种精神一步步走到现在。"

汤姆被老亨利的故事感动了，他感到万分惭愧。和董事长相比，自己遇到的这点压力算什么呢？

"董事长，您的故事让我非常感动，从您身上我真正体会到了再坚持一下的精神。我非常感谢您给我的鼓励和提醒。我回去再重新设计，不成功，誓不罢休。"汤姆挺着胸，攥着拳，脸涨得通红，说话的声音有些颤抖。

事实是最好的证明，在试验进行到第十二次的时候，汤姆终于取得了成功。

任何人、任何事情的成功，固然有很多方法，但都离不开坚持。不管遇到什么困难，只有风雨无阻并相信自己能成功，就一定能迎来曙光、迎来成功。老亨利和汤姆的成功就是最好的证明。相反，如果我们在前进的道路上老给自己设置重重的心理障碍，总是让自己刚迈出的脚步又退回原点，那么又如何战胜压力走向终点呢？唯有抱着一种不怕输、不认输的精神，有失败后再坚持一下的勇气，才能获得成就。

现在的你可能正在从事一项简单、烦琐的工作，你感受到了前所未有的压力，觉得自己的前途渺茫，但请你记住，这才是人生的精彩之处。相反，如果一个人的一生太幸运、太安逸、就远离了压力的考验，反而变得毫无追求，苍白暗淡。一旦失去了必要的压力，你就会驻足不前，那么就等于失去了成功的基石，有一天你会发现自己身后只剩一片悬崖。因此，面对现实工作给自己带来的压力，不要总是想着给自己减压，还要适当给自己加压。因为压力是孕育成功的土壤，在沉重的现实面前，只有压力才能将潜能激发出来。当你无法摆脱压力时，就应该反复对自己说："感谢生命之中的压力，这是生活对我的挑战和考验。""这是上天催促我努力学习、积极工作、奋发向上的动力。"换个角度去看问题，改变态度，困难和压力也会很快减轻。

因此，只要你能看到持续的力量，就能最终战胜风雨的洗礼，看到雨后绚丽多彩的霓虹。

死心塌地地热爱，就会产生火热的激情

人生在世，要做出一番成就，就必须先要有目标，这是毋庸置疑的。正是因为这一点，现实生活中的很多人，也包括不少年轻人，他们认为自己当下的工作根本谈不上"惊天动地"，于是，他们总是渴望拥有一份更能发挥自己能力与价值的工作，对自己的本职工作便心不在焉。而实际上，热爱自己的工作并做到专心致志、全力以赴，是每个社会人的职责，也是让自己快乐的源泉。我们死心塌地地对待所做的工作时，就能产生火热的激情，它能让我们在每天的工作中全力以赴。久而久之，持续地努力付出自然会有回报，你将因出色的表现获得巨大成就。失去热情，必然会失去继续前行的动力；失去激情，必然会失去战胜困难的勇气，不敢面对挑战，这样的人生必然乏味且无聊。

稻盛和夫曾经说过："成事的人是自我燃烧、还把能量

传递给周围的人,他们绝对不是按照他人吩咐、等待他人命令才开始行动的人,而是在指令到来以前,自己率先而为并成为别人的榜样,是富于能动性、积极性的人。"

稻盛和夫本身就是热爱本职工作的人,他创业之前的人生是不顺的,他大学毕业后就职的公司是一家随时都有可能倒闭的破烂不堪的公司。很多同事相继辞职,只留下他一人。没有办法,他只能想"不管怎样,首先要努力做好眼前的工作"。不可思议的是,在他下定决心后,就不断取得了良好的研究成果。这使研究变得更加有趣,他以更高的热情投入到工作中去,由此进入了一个良性循环期。

尽管现在的稻盛和夫已经是个成功人士,但他对工作的积极性依然不减。

因为工作繁忙,他很少呆在家里,所以,附近的邻居担心地对他的妻子及家人说:"您先生什么时候回家啊?"乡下的双亲也曾写信忠告:"这样辛苦工作当心搞垮身体啊。"但是,稻盛和夫本人毫不在乎,因为喜爱工作,他既不难受也没有觉得疲劳。

稻盛和夫在他的《活法》一书中说:"实际上若不如此热爱工作就不可能产生如此卓著的成果。无论哪个领域,成

第 12 章
磨砺心志：保持开朗的心境朝前看，努力坚持，不懈怠

功的人往往是那些沉醉于自己所做的事的人。热爱你的本职工作——这可以说是通过工作使人生丰富多彩的唯一出路。"

稻盛和夫曾忠告所有年轻人，即使你现在厌烦工作，仍坚持再做一些努力、忍辱负重、积极向前，这将导致人生的根本转变。

那么，如才能做到热爱并做好自己的本职工作呢？

不管怎样，都要竭尽全力、专心致志、全神贯注于本职工作。这样，你会在痛苦之中逐步产生喜悦感和成就感。"热爱"和"全神贯注"就如硬币的正反两面，是因果关系的循环。因为热爱才能全神贯注，全神贯注之中自然而然就热爱上了。当然，最初难免有些勉强，但是，必须要反复对自己说："自己正在从事一项了不起的工作""这是多么幸运的工作啊"。于是，你对工作的态度自然而然就有了大转变。

有句话说得好："选择你所爱的，爱你所选择的。"为了培养你对工作的热情，首先，在择业之前，你应该考虑自己的兴趣。如果你真的不喜欢自己所做的事情，对它缺少积极性，那么付出是不值得的，不管你得到的薪水有多高，不管你的职业生涯攀上了多少高峰，都是不值得的。

如果你并不了解自己的兴趣所在，你该怎样才能挖掘出它们呢？有很多方法可以做到这一点。例如，在你目前的工作中，你最喜欢它的哪些方面？是和他人共处，还是不和他人共处？是智力挑战，还是解决问题或者某个问题在某一天结束的时候有了具体答案的满足感？

倘若你已经有一份不错的工作，那么，不妨尝试着热爱它。

并不是所有工作都是妙趣横生的，甚至绝大部分工作都会因为工作环境的一成不变而变得枯燥乏味。许多在大公司工作的人，他们拥有渊博的知识，受过专业的训练，有一份令人羡慕的工作，拿着一份不菲的薪水，但是他们中的很多人对工作并不热爱，视工作如紧箍咒，仅仅是为了生存而不得不出来工作。他们精神紧张、未老先衰，工作对他们来说毫无乐趣可言。

可见，一件工作有趣与否，取决于自己的看法，对于工作，我们可以做好，也可以做坏。可以高高兴兴和骄傲地做，也可以愁眉苦脸和厌恶地做。如何去做，这完全在于自己。所以何不让自己充满活力与热情地工作呢？

每一个年轻人，无论你现在从事什么样的工作，你都应该学会热爱它。即使这份工作你不太喜欢,也要尽一切能力去转变,并凭借这种热爱去发掘内心蕴藏着的活力、热情和巨大的创造力。事实上,你对自己的工作越热爱,决心越大,工作效率就越高。

当你抱有这样的热爱时,上班就不再是一件苦差事,工作就变成了一种乐趣,就会有许多人愿意聘请你来做你更热爱的事。如果你对工作充满了热爱,你就会从中获得巨大的快乐。

设想你每天工作的8小时,就等于在快乐中翱翔,这是一件多么惬意的事情!

就如稻盛和夫所说:"从事一项工作需要相当大的能量。能量能激励自我,燃烧激情。燃烧自我的最佳方法是热爱本职工作。无论是什么样的工作,只全力以赴地去干就能产生很大的成就感和自信心,而且会产生向下一个目标挑战的积极性,在这个过程的反复中你会更加热爱工作。这样,无论怎样的努力,都不会觉得艰苦,最终能够取得优秀的成果。"

另外,从工作中寻找成就感也会让你爱上它,例如,如果你是教师,你可以通过观察每个学生在学习上的进步、心智的成长来获得乐趣;如果你是个医生,你可以以帮助病人排除病痛为己之快乐。另外,你还应该认识到,在每一份工作中,我们都学到了不同的知识。

总之,现实生活中的年轻人,如果你想快乐地工作,那么,你就要记住,重要的并不是你付出了多少,而是你怎样付出。你可以在工作中抱有激情和热爱的态度,尽自己最大的能力去做,不管能收获多少,始终都要抱有这种良好的心态来享受工作带来的乐趣!

集中精力,持续专注于一个目标

伊格诺蒂乌斯·劳拉有一句名言:"一次做好一件事情的人比同时涉猎多个领域的人要好得多。"在过多的领域内都付出努力,我们就难免会分散精力,阻碍进步,最终一无所成。现实生活中的一些年轻人,如果他们的愿望和要求不能及时地得到实现,那么就会导致他们精神上的萎靡不振。但是,目标的实现,正像许多人所做的那样,不仅需要耐心地等待,还必须坚持不懈地奋斗和百折不挠地拼搏,就像在滑铁卢击败拿破仑的惠灵顿将军那样。切实可行的目标一旦

第12章
磨砺心志：保持开朗的心境朝前看，努力坚持，不懈怠

确立，就必须迅速付诸实施，并且不可发生丝毫动摇。

对此，稻盛和夫告诫年轻人，要始终记住"有意注意"的人生，就是指有意识地加以注意，也就是有目的地、认真地、把意识和神经集中在对象上。例如，当发生声响时，条件反射地往那边方向看，这是无意识的生理上的反应，也叫"无意注意"。所谓有意注意，就类似使用锥子的行为。锥子是一种通过把力量凝集在最前端的一点上，从而高效达到目的的工具。这个功能的核心就是"集中力"。无论是谁，只要像锥子一样，集中全部力量在一个目标上，就一定能成功。

所谓集中力，是根据思考能力的强度、深度、大小产生的。在决定做一件事情时，首先要有憧憬。这个想法有多强烈？究竟能够持续多久？如何认真地开展工作？这些都是决定事情成败与否的关键。

每天每日，持续过好内容充实的"今天"这一天，这个观点在京瓷的经营中无时无刻不体现出来。

京瓷公司创建至今，从来不建立长期的经营计划。当新闻记者采访稻盛和夫的时候，经常提出想听一听他们的中长期经营计划。而当他回答"我们从不设立长期的经营计划"时，记者便觉得不可思议，露出疑惑的神情。

成功者之所以成功，就是因为在专注的过程中，经过了沮丧和危险的磨炼。在每一种追求中，作为成功之保证的与其说是卓越的才能，不如说是追求的目标。目标不仅产生了实现它的能力，而且产生了充满活力、不屈不挠为之奋斗的意志。因此，意志力可以定义为一个人性格特征中的核心力量，简而言之，意志力就是人本身。它是人的行动的驱动器，是人的各种努力的灵魂。真正的希望以它为基础，而且，它就是使现实生活绚丽多姿的希望。伯特尔修道院镌刻着一条关于破碎的头盔手工艺的格言："希望就是我的力量。"这条格言似乎与每个人的生活息息相关。

福韦尔·柏克斯顿认为，成功来自一般的工作方法和特别的勤奋用功，他坚信《圣经》的训诫："无论你做什么，你都要竭尽全力！"他把自己一生的成就归功于对"在一定时期不遗余力地做一件事"这一信条的实践。

相反，那些对奋斗目标用心不专、左右摇摆的人，对琐碎的工作总是寻找遁辞，懈怠逃避，他们是注定要失败的。如果我们把所从事的工作当作不可回避的事情来看待，我们就会带着轻松愉快的心情，迅速地将它完成。如瑞典的查尔斯九世在年轻的时候，就对意志的力量抱有坚定的信念。每当遇到什么难办的事情，他总是摸着小儿子的头，大声说："应该让他去做，应该让他去做。"和其他习惯的形成一样，随着时间的流逝，勤勉用功的习惯也很容易养成。因此，即使是一个才华一般的人，只要他在某一特定的时间内，全身心地投入和不屈不挠地从事某一项工作，他也会取得巨大的成就。

总之，年轻人，你要记住，在对有价值目标的追求中，坚韧不拔的决心是一切真正伟大品格的基础。充沛的精力会让人有能力克服艰难险阻，完成单调乏味的工作，忍受其中琐碎而又枯燥的细节，从而顺利通过人生的每一个驿站。

冠军只属于冲刺到终点的人

初入社会，任何一个年轻人都满腔抱负，希望可以一展拳脚，做出一番成绩来，但现实告诉他们，必须从最基础的工作做起。这对于心浮气躁的年轻人来说，无疑是更高层面的挑战。艾森豪威尔说："在这个世界，没有什么比'坚持'对成功的意义更大。"的确，世界上的事情就是这样，成功需要坚持。雄伟壮观的金字塔的建成是因为它凝结了无数人的汗水；一个运动员要取得冠军，前提就是必须坚持到最后，冲刺到最后一瞬。如果有丝毫松懈，就会前功尽弃，因为裁判员并不以运动员起跑时的速度来判定他的成绩和名次。

生活中的年轻人，无论你做什么事，要想获取成功，就得付出坚强的心力和耐性，并且在失败面前要有"再努力一次"的决心和毅力。

正如托马斯·爱迪生所言，成功中天分所占的比例不过只有1%，剩下的99%都是勤奋和汗水。年轻人，专心致志于一行一业，不腻烦、不焦躁，埋头苦干，不屈服于任何困难，坚持不懈。只要你坚持这样做，就能造就优秀的人格，而且会让你的人生开出美丽的鲜花，结出丰硕的果实。

爱迪生曾经长时间专注于一项发明。对此，一位记者不解地问："爱迪生先生，到目前为止，您已经失败了一万次了，您是怎么想的？"

爱迪生回答说："年轻人，我不得不更正一下你的观点，我并不是失败了一万次，而是发现了一万种行不通的方法。"

在发明电灯时，他也尝试了上万种方法，尽管这些方法一直行不通，但他没有放弃，而是一直做下去，直到发现可行的方法为止。他证实了大射手与小射手之间的唯一差别：大射手只是一位继续射击的小射手。

我们再看一个年轻人的故事：

小陈毕业于某大学经济系。当初，他最理想的就职单位是国家机关公务员。他想，省里的难考就先考市里的，要是市里的也难考就先考县里的。"我会一直努力参加考试，总有一天能在大城市的机关单位就职。我要让我的家人和我一起走出大山，然后在城里给他们买大房子，让他们开汽车。"大学刚毕业的小陈，对自己的人生方向有着很明确的规划。

但现实有时候就是这样，想要什么，就偏不给什么。屡战屡败后，小陈一度陷于低谷。"刚毕业的大学生，由于缺乏社会经验，基本上都是在面试时败下阵来的。对于那些五花八门的问题，还有一些专业性很强的术语，我感觉无从下手。"小陈说。"生活不是你想要什么就来什么，咱努力过了也就没有遗憾了。如果现在条件还不成熟，那就试着先干干别的。等将来有机会再考。总不能吊死在一棵树上，你以后的路还很长啊！"父亲这番话点醒了小陈。

考不上公务员，那最低要求也要在大城市找工作。小陈是个心高气傲的人，总觉得自己是有能力做一番事业的，只是还没有遇到机会和赏识他的伯乐。于是，他开始关注省城的招聘信息，也试着投简历，面试。

运气还算好，由于小陈学历不错，长相清秀，谈吐大方自然，一些私企有意向录用他当文员或者秘书。"办公室里的好多人员学历不如我，能力也不如我，我觉得我在这里大材小用了。"所以，辗转了好几次类似这样的工作，他就是做不长。

"就在我快要对自己的未来绝望的时候，我遇到了表哥。他连小学都没毕业，如今却开着名车，还娶了城里的漂亮媳妇。"小陈心里很不是滋味。

表哥告诉他："和你哥我比，你可是幸福多了。有这么多人疼着你，还供你上了大学，长得一表人才，前途光明着呢，别丧气啊！人有时候不能太较劲了，也不能急于求成，也不能把自己太当回事了。苦你得吃得，气你得受得。你哥我就是盘子端过、碗洗过，被人骂过，一步一个脚印地踏实地走，才有了今天。"表哥的经历让小陈彻底明白了一个道理：要想成功，起点固然重要，但脚踏实地的努力更重要。后来，小陈开始平静下来，在省城一家四星级酒店找到了工作，现在他已经是前台经理了。

可能很多年轻人和小陈有着相同的经历，满腔热血却被现实浇灭，但扪心自问，问题却在自身，与其打着灯笼满世界找满意的工作，不如踏实下来，勤奋工作。要知道，没有伟大的意志力，就不可能有雄才大略。可能目前这份工作让你感到很沮丧，你觉得前途渺茫，但你真的做到了勤恳工作吗？既然没有，那么，何不尝试一下呢？努力工作，你会发现，成长始终伴你左右！

参考文献

[1][日]古川武士.坚持,一种可以养成的习惯[M].北京:北京联合出版公司,2016.

[2]啸天.每一个坚持下来的人都是赢家:按自己的意愿过一生[M].南昌:江西教育出版社,2017.

[3]人民日报社新媒体中心.你的坚持,终将美好[M].北京:北京联合出版公司,2016.

[4]李尚龙.你的坚持终将美好[M].长沙:湖南文艺出版社,2016.